曾焱冰 / 著

生活可爱，不必完美

中信出版集团 | 北京

图书在版编目（CIP）数据

生活可爱，不必完美 / 曾焱冰著 . -- 北京：中信
出版社 , 2024.2（2024.4 重印）
ISBN 978-7-5217-6159-7

Ⅰ . ①生… Ⅱ . ①曾… Ⅲ . ①女性－成功心理－通俗
读物 Ⅳ . ① B848.4-49

中国国家版本馆 CIP 数据核字 (2023) 第 220452 号

生活可爱，不必完美
著者： 曾焱冰
出版发行：中信出版集团股份有限公司
　　　　（北京市朝阳区东三环北路 27 号嘉铭中心　邮编　100020）
承印者： 北京联兴盛业印刷股份有限公司

开本：880mm×1230mm　1/32　　　插页：8
印张：6.375　　　　　　　　　　字数：125 千字
版次：2024 年 2 月第 1 版　　　　印次：2024 年 4 月第 3 次印刷
书号：ISBN 978-7-5217-6159-7
定价：59.00 元

目录

第六章

优雅是一辈子的事

附录

那些并不完美，但美好的瞬间 / 185

没有"好的自己"，
就很难有"更好的自己"。
当我们面对人生的各种问题时，
依然可以肯定自身的价值，
与自己和平共处。

所有的转变并非为了对抗，
而只是调整，
也不是要彻底颠覆，
而是为了更好地选择和尝试，
去走一条也许有更佳风景的道路。

我对抗厌倦和乏味的方式则是
不断将想象中那些好奇的事情、
有趣的部分一一实现，
不瞻前顾后，不计算成本，
更不纠结很多现实与不现实的思前想后。

掌控时间，掌控情绪，掌控餐桌。
饮食方式可以直接改变生活方式，
知道得越多，尝试得越多，技能越多，
便越可以掌控自己的餐桌。

早起并没有让一天的时间变得更长，
但早上的时间更有边界感，
使做事的效率更高，减少拖延。

从美化一个角落开始，
从做好一件小事开始，
日子最终不过就是由这些细枝末节组成的，
一点点确立属于自己的安稳和美好，
也是以最小的单位安顿好自己。

一个可以沉迷其中的爱好能让你忘却周遭境遇，
获得片刻幸福。
可以尽情给自己投资，
买最好的装备，
在条件允许的范围内宠溺自己。

时间、精力是影响我们餐桌精彩程度的重要因素，
但也不是全部，
我们总会在其中找到一些聪明又有趣的解决之道。

爱，
就是一件件小事，
一点一滴的时间堆砌而成的。
爱是一个动词，
只有变成行动，
才会产生迷人的火花。

给自己的时间修剪枝叶，
让有限的生命在梦想的花园里长成参天大树。

家，
是身与心的小世界；
日常，
是抵抗无常的能量。

爱上不完美的生活和自己

一个做演员的女友说，她 20 多岁时从来不觉得自己好看。黑，还胖过好几年。但当她过了 45 岁，看到一些 20 年前的影像资料，真的被自己惊艳到。"后悔死了，"她说，"当时要是知道自己好看就好了。"

我刚进入青春期的女儿也是这样，整天对着镜子挑剔自己：不够白，不够瘦，腿不够细，皮肤不够好……年轻女孩陷在完美主义的焦虑里不能自拔，直到上了年纪，终于和自己和解，才遗憾错过的东西太多。

不只是容貌焦虑，在生活中也有很多诸如此类的对"不够好""不完美"的恐惧。

就像我从小学画，但很多年来都觉得自己画得不及格，更是从没出去写生过，因为怕将拙劣的画技展示于人前。在我心里，那是一个神圣且完美的画面，做不好就不如不做。直到 40 多岁了，再次拿起画笔，才发现自己原来也没有那么差。再说画得不好又如何呢？享受画画的乐趣才是最重要的，以及我还永远有开启下一张的机会。

装修收拾房子也是，我有一个装修好的家却迟迟没有入住，更别说是招待朋友、举办家宴了。为什么？总觉得不够完美，离我想象的样子还差得很远……就是这些对完美的渴求和不切实际的幻想，让原本早就该有的生活和乐趣被搁浅放置，迟迟没有出现。当我抱着对完美强烈的渴望时，不完美引发的焦虑也更加强烈。而在我终于打开心结，从另一个角度审视自己，接纳"生活本身就是不完美的"这个事实后，一切反而发生了变化。

这其实就是"人本主义心理学之父"卡尔·罗杰斯所说的悖论：当我接受自己原本的样子时，我就能改变了。一个不喜欢当下的自己、对眼前生活有着诸多嫌弃的人是没法获得幸福的，这也是生活的悖论。接纳和改变总是充满矛盾，只有不断看到自

生活可爱，不必完美

己的优点、把眼下自身所拥有的一切当成自己可贵的资源时，我们才能产生价值感，并不断走向更好的生活。

这些想法也是我提笔写本书的初衷。作为一个身处时尚媒体行业近 20 年的从业者、一个生活美学和生活方式的探索者，我也曾是被"拥有一切"和"追求完美"洗脑最深的人。时尚杂志上的女性总是从容优雅地讲述着自己如何事业家庭双丰收，既取得了令人瞩目的成就又培养了优秀的儿女，既有令人羡慕的生活品位、艺术修养又有完美的婚姻，但其实谁都明白大多数女性确实"have it all"：在追求更成功的事业、更高的收入和社会地位的同时，她们身上背负的对家庭、婚姻和育儿的传统责任一点儿没有减轻。每个人都在拼命维护着生活表面的完美，一方面追求更好、更卓越的生活，另一方面承受着沉重的疲惫、焦躁和抑郁。追求完美，却离幸福越来越远，这就像陷入了一个令人沮丧的死循环。

在本书里，我以一种"可以坦诚面对生活和自己的诸多瑕疵，依然向光生长"的立场和所有女性朋友聊一聊如何面对不完美的人生和自我，如何把别人眼中的"缺点"活成自己的"特点"，如何更好地坚持自我并做出选择，以及面对生活中的诸多大问题和小麻烦，怎样解锁，找到适合自己的解决之道……

生活本身不是一门课程，而是一种经历和探索。生活也不会给我们标准答案，只有靠自己不断地发现。当你翻开本书，我多么希望以自己的视角和感受，让你看到一个也曾对自己不满且苛刻，对自己的成长充满遗憾但最终和解的过程。

这眼前的生活，也是我们所拥有的唯一一生必经的旅程，更多地喜欢自己一点儿，更多地热爱生活一点儿吧。是的，它们都不完美，却都那么可爱。

生活可爱，不必完美

持续遇见
更好的自己

更好的自己是怎样的自己

"遇见更好的自己"，这句话现在已经是耳熟能详的励志语，以它祝福任何年龄的对象都很受用。每当看到这句话，其实我都在想，到底怎样的自己才算更好的自己呢？

是赚钱更多、效率更高，还是更漂亮、更苗条、更受欢迎？这些都可以是，也都可以不是。毋庸置疑，人生当然要追求"更好"——持续成长，不断更新、修正自我，一直向前，除此以外，生命没有更好的期待。但在这条向前奔跑的路上，却也极易误入荆棘密布的丛林，原本追求更好的自己，却陷入更焦虑的陷阱。如果人生是一座小径分岔的花园，我们究竟怎样漫步其间才能看到更绚烂的花朵、更美丽的风景呢？

首先，成为更好的自己，要敢于更新自己。

我一直觉得自己体内有两种截然相反的性格：一种是隐忍、克制和坚持，另一种是极度容易生出的厌倦——对毫无新意的事物、信息和思考方式的深度厌倦。

"换另一个牌子的香烟也好，搬到一个新地方去住也好，订阅别的报纸也好，坠入爱河又脱身出来也好，我们一直在以或轻浮或深沉的方式，来对抗日常生活中那无法消失的乏味成分。"杜鲁门·卡波特曾这样说。

而我对抗厌倦和乏味的方式则是不断将想象中那些好奇的事情、有趣的部分——实现，不瞻前顾后，不计算成本，更不纠结很多现实与不现实的思前想后。

我做过老师，设计过服装，之后又投身时尚媒体行业近 20 年。而当这一切渐渐被写作、对生活方式的研究、对餐桌艺术探索的巨大热情取代后，我便自然而然地过渡到了自己所向往的新领域。置爱是我创立的新媒体平台，也是一个传播爱与美的生活方式的创意机构和品牌。出版生活美学图书、探究生活方式与传播创意、开发女性成长系列课程，这些渐渐成了我人生后半场的方向。

生活中的很多成分都是日复一日的重复，那种一眼望到头的人生令人厌倦，而不断更新自己，敢于追逐喜欢的事，开启全新的视角，无论成败，都是给自己新的遇见、新的成长，而非一次次与旧我重逢。

成为更好的自己，更要接纳当下的自己。

回望一路的转变，我也自问过，到底哪个阶段更好呢？但真的很难评断。年轻时胶原蛋白满满，精力旺盛，但见识少，经济窘迫，对自己万般挑剔和不满。随着年龄的增长，头脑是比以前清晰了很多，生存智慧提升，荷包鼓了些，也更能与自己和解，但琐事成倍增加，精力每况愈下。在时尚杂志工作时，每天接触时尚前沿信息和精英人群，是工作能力和眼界飞速提升的时期，但那时的我也会困于加班多、压力大、办公室政治复杂等问题。自己创业后呢？时间自由了，抉择也随心所欲，并且有更多的时间陪伴孩子，但平台小，压力更大，抗风险能力更差，这些都是自己做事要面对的问题⋯⋯

每个时期都有那个时期的优势与困境，对自己都有满意和不满，有得也有失。但有一点是肯定的，就是无论我处于哪个阶段，面对多少迷惘和难题，在内心深处都没有全盘否定自己，也没有握紧拳头要孤注一掷的厮杀感。回到任何一段过去，我都很欣赏那一刻的自己，所有的转变并非为了对抗，而只是调整，也不是要彻底颠覆，而是为了更好地选择和尝试，去走一条也许有更佳风景的道路。

接纳不完美但时刻在进步的自己，这一点很重要，它激励着人们去改变。反之，对当下的自我全面否定的人，虽然看上去更有努力的源动力，但这会让"自我提升"变得面目狰狞。这是两件相互关系十分微妙的事情。

当我们面对人生的各种问题时，依然可以肯定自身的价值，与自己和平共处，并且坚信自己永远值得被爱、被尊重，那么这时的"自我提升"就是充满信心地向前迈一步的成长。而当一个人的内心被强烈的匮乏感笼罩时，满眼都是令自己厌恶的自己，"自我提升"就被定义为某种撕裂。以这样的心态，虽然也会取得世俗意义上的成功，但内心总会被自卑、焦虑纠缠。没有"好的自己"，就很难有"更好的自己"，不喜欢当下自我的人，努力的前方就会像一个无穷的黑洞。

最后，还有一点，也是我和自己斗争多年才懂得的一个最简单的真理：更好的自己，关键词是"自己"，并不是要成为别人期待中的那个人啊。

我就是个喜欢一个人待着、不喜欢站到人前、商业头脑差、对数字不敏感但对画面和文字感受力强的人。我爱安静地读书、写作、画画，我爱独自构思一个计划或课程，若把别人成功的商业经验和模式硬套在我头上，往往行不通。在别人那里是蜜糖，到我这里也许就成了毒药。我只能以自己的方式做自己，使微不足道的东西变得珍贵。这一点点光亮，就是我重要的财富。

如果说在"成为更好的自己"的过程中有需要战胜的对手，那这个对手应该是过去的自己。但其实，随着年龄的增长、阅历的增加，这份信念也在减弱。人们自我发现与认识的过程像剥洋葱一样一层层展开，每一层呈现在眼前的依然有着一个洋葱原本的形状和脉络，新的一层未必是更强大的自己，但会更新鲜、更有新意，带着一份生长的可能性。最终，你会发现，所有微小的进步都并非易事，我们对"更好"的期待不必过高，其实能保持向前的姿态和更新的勇气，就已经拼尽全力。探索是永无止境的，但提升不是，我们对生命和自我永远抱有希望，更要保持着敬畏。

02

知道自己
不要什么

我采访过六个从城里搬到乡间居住的家庭，他们都有或大或小的院子，三五间简洁的房屋，一片可以耕种的土地。院子里有树、有猫、有狗，有四处跑动玩耍的孩子。这也是我非常向往的生活啊，读书，种地，闻四季花香，吃新鲜蔬果。多美的画面！

但完成这次采访后，我就知道这其实并不是我真正想要的生活，至少在当时那个阶段不是。因为被访者都提到了三个关键点：第一，在乡下生活的人要能耐得住寂寞，享受安静，这一点没问题，我喜静。第二，乡下生活并不像桃花源那么完美，改建房屋的烦琐、和邻里乡人一言难尽的关系，哪怕最细节的蚊虫鼠蚁都是很多都市人受不了的障碍。仅这两点就让我的念头打消了一半。第三，乡居生活最重要的一点，需要你是个非常勤快的人，动手能力强，闲不住，因为有干不完的活儿和解决不完的问题，尤其需要家里有个超级能干的男主人。我一听这一点，就彻底死心了，我家的男主人比我"懒癌"还严重呢！

当我冷静地列出对比图，一边是乡居生活吸引我的点，另一边是我不要的和做不到的点。显然，我不想要的比想要的多。因此，很容易判断出，我的乡居梦不过是和想辞职、卖房、逃离北上广去找诗和远方一样，是一种流行的情怀病，并不能当真。

其实很多"想要的生活"都只是美好的愿景，或者说，它非常符合一些被"赞美"的、"潮流"的标准。开花店、开咖啡馆、自由职业、放弃大都市、乡居、环球旅行等生活方式普遍被媒体过度美化，也更符合人们心中关于自由生活和田园牧歌式生活的梦想，但如果真的想让梦想照进现实，最好做一下理性的分析。

当我们想不明白自己究竟想要什么的时候，可以试试我刚刚提到的方法——反过来想自己不想要什么。一旦想到这一点，思路像被打开了，"不想做的事"喷涌而出：我不想在办公室坐班，不想有过多的应酬，不想变肥变丑，不想总买相同款式的衣服，不想结婚生子，不想原地踏步……

你会发现"不想做的事"远比"想要做的事"更容易让人看清原因。你会轻松得出"我这样做是费力不讨好""干这些只能暴露智商短板""这些根本就是浪费时间"……而且，一旦明确了这些因果，也会水到渠成地得到解决之道：我不想让生活平淡无聊，那就需要找出自己的激情所在；我不想白白浪费时间，那就给自己一个更好的规划；我不想上班，那好，马上你就可以知道自己如何自谋生路。

去掉那些不想要的，才能显现出自己真正的风格和道路。对我们来说，时间和金钱都是非常有限的资源。耗费时间空想是在浪费生命，枉费金钱去做并非真心想做的事、买并不真的想要的东西也是一种浪费。一点一滴或许并不明显，但日积月累，其实对我们来说是巨大的消耗。

想清楚自己"不要"的，实际上是倒逼自己去弄明白自己想要什么。"不要"从来都比"想要"更生动、更具体，这就像学生时代做选择题时的排除法，总是先把明显错误的选项划掉，再深入思考。

想要的，
大声说出来

03

去除掉了不想要的，剩下的就是我们真正的热情所在。那么又如何去实现"想要的"呢？

"这世界上如果有一个人大喊'我要'，在地球的某个角落就恰好有一个人正在想'我给'。"

这是很多年前我听来的一个"吸引力法则"，看似很玄学，甚至荒诞，但这些年来，奇怪的是我居然越来越相信这个法则，冥冥中确实有一种力量，当你说"想要"的时候，声音只要足够洪亮，就会引来那个想给的人。

是这样的。

大概 20 年前，或更早，我就非常渴望成为一个作家，但很多年都羞于说出口，毕竟"作家"这个称呼太神圣。即便如此，我依然没舍得放下它。有一天，我终于敢承认我也想写一本属于自己的书，并开始付出努力时，生命中的贵人就出现了。在我的图书策划人和编辑的帮助下，2014 年，我的第一本书出版了，它不仅成为畅销书，而且书名"爱就是在一起，吃好多好多顿饭"还成了流行语。随后第二本、第三本、第四本书相继出版，虽然这离我心目中真正的"作家"还有一个光年的距离，但让我欣喜的是，当我把愿望真正说出口时，奇妙的事情确实发生了。

这样的故事在身边太多了。记得去伦敦看闻名全球的切尔西花展时，听说过在 2012 年园艺大赛上摘金的"草根"女孩玛丽·雷诺兹（Mary Reynolds）的故事。当她决定参加切尔西花展的园林设计大赛时，只是一个年仅 28 岁的毫无大赛经验的"菜鸟"，要知道，有着 150 多年历史的切尔西花展一直以来都是面向有经验的园林专家或注册园林机构开放的。玛丽的故事就是一个"相信它会发生，它就会发生的故事"。她在自家冰箱门上贴了张纸条，上面写着："谢谢你帮我赢得切尔西花展园林设计的金牌。"她说自己每天能看到这张纸条很多次，当她坚信自己真正受得起金牌的重量时，一切似乎都迎刃而解了。她不仅众筹到 15 万英镑的比赛费用，还有一众邻居、亲戚帮她搭建花园、搬运草皮。当她以"自 1913 年切尔西花展开办以来最年轻的女性金牌获得者"一举成名时，连当时还是英国王子的查尔斯都对她赞赏有加。

这些故事实际上告诉我们，当你特别强烈地想做一件事时，将这种能量传播出去，魔法便出现，看似毫无边际的事也会露出破解线索。这种吸引力法则实际上是以内心的能量展开的一场宇宙搜索，相应的信息、资源和人脉都会一层层浮现。法则的背后是一种相信的力量。

想做的事，想要的生活，大胆说出来。这声音从你嘴里发出，散播到空气中，再传回耳畔，被记在心里，实际上就是对自我的一次次确认。而那些被深藏在心里不曾道出的心愿，也是与自己的对话：我行吗？我根本不行。同样是宇宙能量，却是负面的，它把着你的手，你一层层将自己束缚住，再一步步将自己拉回原来那个最小的角落。

不要羞于承认自己想要的生活，按下确认键，去做一件可以推动它开始的事，一切才开始运转。对于未来十年会发生的变化，我们永远不要低估，更不要因为年龄、经济状况、性别差异、现实处境而轻视自己改变的可能。

要知道，生命中唯一不变的事恰恰就是改变。而且残酷的事实是，如果你不去积极地规划自己的生活，那别人就会替你规划，这个"别人"也许是你的家庭，包括你的父母、子女、配偶或者你的工作单位，甚至是整个社会。

当你说出了自己想要的生活，行动也就随即展开。把抽象的愿望拆解成具体的行动，把无形的痛苦变成一个个可以解决掉的麻烦，生活就是在这个过程中发生着质变。最初的愿望会引着你不断走向新的希望。

04

可以辛苦，但别心酸

我曾接受一个媒体采访，被问到的八个问题中，三个提到了"辛酸"和"心酸"。

大意是在时尚媒体行业工作了那么多年，这个看似光鲜的职业，背后一定有数不尽的辛酸，谈谈你过去在时尚杂志社工作时的心酸时刻吧，或者，你又裸辞离开了令人羡慕的职位，自己创业，中间的辛酸也只有自己知晓，有没有想放弃的时刻？

我真是进亦酸，退亦酸，然则何时不酸耶？

当时我心想，如果回答说"没辛酸啊，心也没酸过"，会不会被认为太不真诚？

从字面上讲，"辛酸"比喻悲苦，多是指生活的艰难；"心酸"则形容心中悲痛、伤心。我暗笑，得干什么样的活儿，怎么把自己往死里逼，才能到这两个词形容的地步呢？

当然，我懂编辑的良苦用心，他希望写出一个符合"鸡汤"套路的励志故事，要曲折——有成功、有失败、有奋斗、有坚持，要"忍辱负重，出人头地"或者"表面光鲜，实则不易"，最不济也得是"为了理想，初心不改"，这样也许能把平淡的故事包装得点击率更高一些。但我想还是算了吧。

实际上，一直以来，我的原则都是辛苦可以，但千万别让自己感觉辛酸。

是的，刚入行当时装编辑时，我还年轻，也是贴鞋底（为拍摄样品做保护）、当快递员、扛大包、熨衣服，无所不能，但所有活儿都干得兴高采烈，就算睡在办公室用两张椅子拼成的"床"上，也是对自己的工作满怀憧憬。谁不是从这些做起的呢？但有自己的目标和愿意为之付出的动力，这种辛苦就不掺杂丝毫心酸的感受，顶多是腿酸、胳膊酸和后颈酸。

即使过了不惑之年，我还敢于从一个深耕多年的行业转身，去探索想了解的一切，依然可以起早贪黑，蹚市场，盯现场，写文案，做方案……辛劳是有的，却也和辛酸扯不上关系。当看到自己想要的东西在眼前一点一点呈现，想做的事情一步一步显现眉目时，喜悦是可以战胜一切的。

大家可能有同样的感受，当你满怀热情和希望地投入一件事时，身体上的辛苦劳累不算什么，它是可以消解掉的生理反应，不会降低成就感和幸福感。做喜欢的事，拥有自己可以掌控的人生是自由的、开心的。让人觉得痛苦难挨的往往是主动权的丧失，没有选择，才会感觉忍辱负重。堆积在心里的怨恨发生化学反应变成了强酸，那才真是一把辛酸泪呢。

我的第一份工作是在一所学校任教，曾看到几个被"排挤"的中年教师哀求主任给他们多排几节课，而主任手握一点儿权力便颐指气使的样子令人作呕。我当时想，如果自己像这几位老师那样安于现状地干十几年，不再拥有挣脱的资本，那将来这个命运被攥在别人手里的人就会是我，那才是真正辛酸的生活。于是很快我便决定辞职去做当时尚属新兴行业的时尚杂志，比起学校的铁饭碗，这份工作虽然辛苦且不确定性强，却让我感受到成长和希望。

生活中有很多雷区，我们并不需要以身犯险，可以尽量提前绕开。很多时候，辛酸的生活是有征兆的，当你判断到这一步时，就尽快远离，脱离舒适区的改变或许很辛苦，但绝不会让你委屈得躲在墙角落泪。

另外，必须说，心酸是一种纯个人的感受。"人类的悲欢并不相通"，你的心酸也许是别人的"鸡血"，反之亦然。所以，少评判别人，更不要被他人评判。如果你觉得目前的生活不理想，那就大胆地换一种活法，换一个天地，甚至换一个爱人。不必在意别人怎么说，只要尊重自己做出的选择，承担这种选择产生的后果。

我们可以让自己时常辛苦，但求别让自己活得辛酸吧。

05

投资什么，都不如投资自己

我们都希望自己有更多的选择：选自己喜欢的工作，获得更多成就感和满足感；选有意义的生活，而不是被迫谋生；选有尊严的活法，而非任人摆布……但种种"选择"的背后是让自己有可选择的权力，以及能选择的资本。

这就需要我们自身持续长本领、加能量，随着时间的推移不断更新自己。拥有翅膀的人才能在天地间翱翔，总在成长的人不会被年龄和知识所限，可以跟随心愿做出自己的选择。

在这个目标中，持续"投资自己"才是让自己"保值"的做法。你可以把人的一生放长到100岁来看，投资房产才管50～70年，对现代人来说，50 岁、70 岁后生命依然很长。年过半百做一件从没做过的事，甚至创业，对未来的人来说也不是稀罕事。我们永远要把自己当成最优的潜力股来投资，给自己可持续发展的可能，这才是正道。

以下是我认为应该为自己持续投资的八个方面。把思路梳理清晰，就不会迷失方向、无谓焦躁，敢于给自己投资，才能看到不间断的回报。

投资终身学习

人类的寿命越来越长，我们怎样才能像以前一样，用前二十年的学习积累、中间三十年赚的钱养活后面四五十年的自己呢？若你在想到老年生活时感到迷茫，就更证明了必须不断学习，掌握新的知识和技能，拓展生命更多的可能性和更高的质量。

大家都很爱看这样的故事：60 岁的她拿起画笔，震惊了全世界；80 岁的他开始创业，让所有年轻人仰望……渴望改变和进步，其实是每个人内心的需求。那么改变的前提呢？当然不是地壳运动，也很少有潜藏的天才基因忽然苏醒，大多数是靠平日积累的量变。学习，便是这种积累的一砖一瓦。

现在是最好的时代，大量的知识付费课程、在线教育和图书提供丰富的学习资源，成本反而大幅降低。回望过去十年，我每年都将大量的时间和金钱用于线上和线下的学习，我知道在学习中发现自己、更新自己，才会持续遇到更好的自己。

不要辜负这个时代给你的机会，投资自己的终身学习，一定是只赚不赔的做法。

投资时间

时间可以用来投资吗？当然可以。

现代生活中，我们渴望学一门新课程、拓展新领域或者花更多时间在兴趣爱好上，但繁忙的日常往往让我们很难抽出时间。花钱买一部分时间作为投资，目的是让自己赢得的时间产生更大的价值。

那么什么样的时间可以买呢？

比如请小时工代你做家务，你每天就可以多拥有两三个小时，将时间用在更有价值的地方；提前规划出行方案，选择更省时省力的交通工具，这种投资节省的是路途中耗费的时间和体力，有助于提升做事的效率；推掉一部分工作，给自己安排学习和进修，甚至安排间隔年用于自我提升，都是以"买时间"的方式投资自己的未来。

年轻、收入不高的时候，花钱买来的时间如果可以用于解决更大的问题，或者用在读书、进修、攻克业务难题这类有助于个人提升的方面，那么这个钱花得就值。

收入较高的时候，花钱可以买来享受，换来更多时间上的自由、生活品质的提升，也让自己有更多精神空间思考具有更大价值的事情，那么同样值得。

所谓投资时间，是按照你的收入购买最值得买的部分，同时也要考虑这部分时间买回来能带给你的价值。花多少钱买怎样的时间，可以对此预先评估和分析。

这项投资没有绝对的答案，我们需要的是从生活细节上去分析，什么样的时间对自己来说价值更大，可以用什么途径解决时间不够和繁忙日常带来的困境。

读书，在不知不觉中给你回报

读书或许是投资回报比最高的选项。你很难功利地衡量读一本书能带给你哪些好处，但读书带给人的改变是在不知不觉中发生的。

在阅读过程中，我们看似在汲取作者的思想，其实阅读更是在理顺自己的内心，找出自己的困境所在。读书是让人更清楚地看到自己的过程。

阅读也像是在头脑中撒下一张网，每本书都是这网上的一个结，它们串联起你的人生经验、好奇心和求知欲，说不好会把你连接到什么奇妙的地方。

永远不要低估阅读的力量，这是给自己最长远的一种投资吧。

投资你的人际关系

人活在世上，离不开和朋友、同事、亲人、爱人之间构建的各种关系，人生重要的快乐和幸福的感受也都来自这些关系。

哈佛大学医学院精神分析治疗师罗伯特·瓦尔丁格（Robert Waldinger）教授在 TED 演讲中说，哈佛大学 75 年的研究显示：富有、声望甚至婚姻都不是让我们幸福、健康最根本的因素，个人发展较好的人是那些把精力投入关系的人，尤其是与家人、朋友和周围人群的关系。高质量的亲密关系让我们更快乐、更健康。

投资你的人际关系是更积极主动地与人打交道，以开放的心态接纳他人。要知道，在与人交往中学习，甚至比书本上的内容更重要。

同时，在提升自己的过程中，不断打开新的圈子也是对人际关系的一种拓展，因为自身的价值才决定你能交往什么样的人。

用心维护关系也很重要，哪怕只是每次有意记住一个新认识的人的名字、经常和朋友互相问候、创造一些机会和他人面对面地交谈，都是现代人际关系中良好的枢纽和促进。

更好地与人打交道的能力也是获得更多幸福的能力，无论你是20 岁、40 岁还是 60 岁，甚至更大的年龄，开始维护良好的关系都不晚。良好的人际关系不仅能让我们获得更多的支持和快乐，也能保护我们的身心健康。

好好吃饭，好好睡觉

人们对自身最根本的投资和建设，无非是在身体和智识这两方面。然而对于健康的生活习惯这一点，我们在年轻的时候往往是忽略的、不屑的。

好好吃饭，好好睡觉，这两件事对人的改变是在一个较长的时间内显现出来的。年轻时随意吃垃圾食品、吃重口味的苍蝇馆子、作息不规律，或许一时看不出差别，那是有年轻的身体在支撑。久而久之，你很容易从一个中年人的身体状况、精神状态和皮肤的光洁度、色泽上判断出他日常所吃食物的精细度和作息的健康程度。

所以，医生和营养师给出的忠告和建议并非无用的耳旁风，确实应该从日常饮食、作息开始调节生活。认真吃饭，吃更健康的食物；规律作息，不熬夜、不透支，这将会对你的生活、健康等很多方面产生深远的影响。

好好收拾你的家

年轻时，希望把所有的钱都贴在自己身上、脸上，能穿出去炫耀才有价值，而自己的家像个狗窝也无妨。但随着年龄的增长，你会发现自己在家上面的投资远超用在光鲜时髦的穿着上的。这也许和成长有关，你渐渐成为自己，家是你安置身体与精神世界的所在，你住什么样的地方、有什么样的环境、是什么样的生活方式、日常习惯如何，反过来成就了你的外表和气质。

此外，杂乱的环境会使人焦虑、抑郁、疲劳，精力很难集中，而且这种影响对女性来说更严重。所以让家变得干净、整洁、给自己一个清爽的地盘，是有长期回报的事情。

开阔视野，为旅行花更多的钱

旅行的意义并不在于去不同的地方购物，而是到更多不一样的地方去看、去感受、去聆听和学习。

我通过去北欧旅行，不断加深对北欧设计和文化的研究，不仅写成了自己的生活美学著作，更结交了很多那里的朋友，增进了和他们的工作交流，体验不一样的文化带来的启发。旅行方面的投入是在为自己的眼界和视野做一份长久的投资，我们对自己的培养没有止境。

为自己的健康做些投资

有一句话特别打动人：首先是健康，其次都是其次。

面对人生的诸多愿望，没有好的身体、强健的体魄，等于没有所有零前面的那个一。

当我们在生活中奔波着寻找事业的方向，寻觅感情的依托，起起落落间，最终却发现只有自己给自己的安全感与自信心是可以相伴终生的珍宝。想要拥有真正富足的精神世界和持续的人生动力，就一定要舍得给自己多一些投资，为自己做一个可以持续绽放的规划。

留
住
心
中
的
光

一个老朋友曾发给我一张照片，阳光下他的小茶桌上放着我的第一本书，他说他还经常会拿出这本书来看看。当时看着这张照片，觉得暖暖的阳光透过画面，也照到了我心里。

一个读者发私信告诉我，在重翻我的书找一句话时，居然发现了不知道什么时候夹在里面的 500 元钱，于是她高兴地用"意外之财"买了盒水彩颜料，现在她和我一样，也开始画画啦……这条信息让我莫名地高兴了好几天。

常常有网友在微博上 @ 我，引用了我的话语，或是图片，或是菜谱，告诉我那一刻的欢喜。他们表达的瞬间的小感动，对我来说其实都是"很重要的、很大的感动"，是一种忽然感到"啊，自己还很有价值"的感动，让我发现在这世界上的某个角落，有一个人，也许我们从未谋面，但我的一点光亮能影响到他。

不知道你有没有这样的阶段，会产生自我怀疑感。

从早上照镜子开始，对自己日渐深刻的法令纹和微凸的小腹感觉失望，皮肤也有些暗沉，衣着品位也值得怀疑⋯⋯

送孩子上学晚了，鸡飞狗跳，你拉着张脸，孩子噘着嘴，一路不说话。因此对自己为人父母的能力感到沮丧⋯⋯

开始工作了，打开电脑，看着空白的文档，脑袋里也一片空白，强烈的无力感袭来，觉得自己一无是处⋯⋯

这种感觉经常会纠缠我，也许持续一天，也许几天，甚至几个月，说到底，这是一种"低价值感"时刻的侵袭。不知道这和水星逆行、月亮潮汐、生理周期或股市涨跌有没有关系，当被这种感觉控制时，内心积攒的能量似乎都找不到"火捻儿"了，仿佛与全世界的"链接"都切断了——"我做的一切都毫无意义""我完蛋了"。

但"求生欲"在此刻也会启动。放下一切，只是读书、画画，做一下指甲，换一瓶香水，完成一件简单的事，或者去一家永远不会吃到难吃的食物的"安全屋"大吃一顿……从自身的感受中寻求肯定和愉悦，其实是内在价值感的基础。

如果此刻恰好有好友发来消息，告诉你他还在读你的文字，而且很有感触，也有朋友说你今天看上去真美，或者孩子的一道数学题被你讲解得通透有趣，再或者只是路边一朵花刚好开放，一片落叶红得那么纯粹，这些都能帮你重新点燃内心的火焰，在灰暗中瞬间被点亮。

对我来说，自己散发的能量可以影响到他人，是一种对自身价值感的肯定，这种价值并不以"财富"、"成功"或"深刻的意义"来衡量，很多时候，只是书写、绘画、日常无意义的分享。反过来，他们通过赞美、肯定和问候给予我的影响，同样是他们散发的光与价值，这些善意而美好的举动，很多时候，恰好是低能量者那一刻的火种。

一个朋友曾和我讲到他的一次登山经历。那一刻山上雾气弥漫，天色渐晚，他觉得又冷又绝望。一片暗灰中，忽然他看到远处盘山路上一抹橘色的灯光——是一辆汽车疾驰而过。那灯光让他觉得温暖，似乎重新获得了某种力量。司机驾车经过，并不知道那一刻有一个人从车灯的光亮中得到鼓励，这可能就像我们每个人的价值所在，各自前行，散发的光芒或强或弱，但都有可能链接到某个未知的人。

任何时候，留住自己心里的光，对他人保持善意，也善于从他人身上获取更优的能量。这样，无论世事多么艰难，人生怎样跌宕，带你走出黑暗的永远都会是你自己心里的光。

第二章

做喜欢的事，
马上开始

不要怠慢任何心动的瞬间

1999 年，25 岁的我去德国出差，那时候我是个时装编辑，第一次在一个欧洲人家里享用下午茶。85 岁的玛蒂娜从茶具柜里为我挑选了一套波尔卡玫瑰系列茶具，用醇香的阿萨姆红茶款待我。雕刻着花纹的银茶漏、蕾丝边的茶巾、盘子里精致的点心仿佛把我带入了一个美丽而神秘的世界。那个下午，我的心被猛地触动了，留下了一个标记，在后来无数漫长而黯淡的日子里，像一个闪亮的音符，时常浮现。

我把上面这段故事记录在我的第一本书中，正是这个心动的瞬间引领我开启了若干年后全新的乐趣和生活，从对精致的餐瓷和餐桌布置的兴趣到成为餐桌布置艺术的研究者，到出版生活美学图书，再到开启全新方向的职业生涯，那个心动的瞬间就像蝴蝶扇动翅膀引发的效应，让我的生活发生了一连串的改变。

时间再推回到 2014 年，一位旅居瑞典的朋友来看我，送了我一本有关餐桌布置的画册。翻开画册，虽然里面是瑞典语，我一个字都不认识，但那些用树枝、苔藓、落叶、带着虫眼的蔬菜布置出的奇妙餐桌瞬间吸引了我。这和我之前看过的那些华美的英法风格多么不同啊！作者可以运用自然中的一切为灵感和素材进行创作，令人耳目一新。

我从这本书中学到了一些技巧，受到很多启发。当时，我很想将心里的这份感动和收获及对它的看法告诉作者，于是我按作者的名字上网搜索，找到了她在社交平台 Instagram（照片墙）上的账号并给她发了私信。第二天一早，我就收到了她的回复，这位名叫凯瑟琳娜的女士也因这份意外的缘分而惊喜万分。

一个心动的瞬间，跨过千山万水，让我们成为非常好的朋友。

再后来，我去瑞典拜访她，进一步了解了瑞典餐桌布置、花艺和艺术的风格，并把她这本书中的内容引入中国，我们一起在北京 798 艺术区举办了餐桌布置艺术展，共同展开新的计划和工作，合作出版新的探索北欧文化和生活方式的图书。从北京到斯德哥尔摩，从当初翻开画册的那份心动到我们无数次互动往来，那个被格外珍视的瞬间为我打开了北欧风格这扇窗，让我看到了更多，也学到了更多。

英国作家毛姆说："任何瞬间的心动都不容易，不要怠慢了它。"确实，每一个心怦怦直跳的时刻，每一份微妙而难忘的感受来袭，都是上天给我们的某种暗示。日本画家安野光雅说他总共只去过三次大原美术馆，却决定了他的一生。即使他忘记了昨天的事，也不会忘记大原美术馆里画作的布局，以及第一次去时，那个 16 岁少年看画时激动的心情。

人们总会询问画家之所以成为画家、作家之所以成为作家的"契机"，但其实任何"成为"的契机都可能只是令人心动的瞬间。就像从小格外喜欢看的画、读的书、做的事，或那些你想成为的人、那些让你久久不能平复的心情，这可能就是上天在告诉你，去追寻这份心动吧，不要错过它，以自己喜欢的方式走过漫长的人生就是幸福。

02

有一个
深度的爱好

记得某年冬天，在从法兰克福飞往伦敦的飞机上，我翻看航空杂志时看到一篇对时装设计师的采访，这个设计师究竟设计哪个品牌、叫什么名字，我都忘了，但我记得他的旅行装备中除了香水、烟盒、眼镜、电子设备，还有一个小小的水彩盒、一支可伸缩的旅行水彩笔和一个迷你水彩本。他说，随时记录旅途所见是他寻找设计灵感的一部分。我一下就被这个细节吸引了。

边走边画，可以随时记录让自己心动的一切，这一直是我的梦想。在我开始学画后，也是默默向着这个方向去努力的：清晨的湖边，我画下那茂密的草木在水中的倒影；飞驰的火车上，我画下窗外大片油菜花的金黄；秋日的公园里，片片落叶有不可思议的颜色；雨后的村庄中，初晴的天空和远处雾气环绕的山峦，那份美丽令人沉醉……

一年、两年、三年过去了，我也做到了走到哪儿画到哪儿，这是一种陪伴，也是一种消遣。至于画得怎么样，可以不谈，敢画、喜欢画，就很好。在一个处处都讲求效益和投资回报率的时代，一个真正的爱好是一件本身就值得去做的事。它可以没有收益，甚至需要你为它一掷千金，它也可以没有任何回报，你尽可以在这个爱好中一直平平庸庸，不必做到超凡出众，因为无须以专业标准来衡量自己。这就是爱好带给你的自由，更是一种奢侈——除了享受这件事本身，一无所求。

年轻时，我对是否有一个爱好并没有执念，人生走过了半途，才体会到汪曾祺先生所说的："一定要爱着点什么，恰似草木对光阴的钟情。"无论把这份爱用在写字、画画上，还是烹饪、种植、运动或其他，顺境时，这是锦上添花的乐趣；逆境中，它是雪中送炭的慰藉。

一个可以沉迷其中的爱好能让你忘却周遭境遇，获得片刻幸福。就像为生活打开一扇透气的窗，总能在你感到窒息、焦虑、忧愁、挫败时，把你暂时拉回宁静、避世且舒展的状态。

我从 2018 年开始画画，很多年过去了，这种量的积累不仅让我对绘画产生了深度的依赖，也让我有充足的理由不断购买精致可爱的画材。如果把我现在的旅行水彩装备随手拍成照片，登上杂志，一定不输当年看到的那个时装设计师。这其实也是成年人拥有爱好的另一种隐秘的乐趣：可以尽情给自己投资，买最好的装备，在条件允许的范围内宠溺自己。

一次在英国希思罗机场退税时，工作人员指着一张账单问我，你在这个商店买了什么？我说，水彩颜料、笔和本子。那位严肃的先生脸上忽然绽放了笑容，他说，原来你是个艺术家，这是伦敦历史最悠久的艺术品商店，透纳也在这里买过颜料呢。那一刻我特别开心，是被称为艺术家的小虚荣，也因为回想起了如老鼠掉进米缸般的逛店心情，想起行李箱里那些等待我开启的崭新的画材，当然还有画水彩画带给我的种种乐趣，以及那些让我平静、释放、远离忧愁、获得喜悦的细碎时光。

03

开始，
才是真的开始

2018 年 1 月，我去南京拜访一位画家，看到他墙上的水彩画、桌上随手的水彩小草稿特别动人，于是问他，如果想学水彩画，怎么学呢？

他说，就，画啊！

回来后很快，我便找到了我的第一位水彩老师，上了线上水彩课。一周两次，完成两张作业，就这么延续着，不知不觉已经五年多。其间，我又跟随多位国内顶尖的水彩画老师，线上线下学习，把自己的画作开发成文创产品，也入选多个画展，并出品了艺术版画，还为自己的书配了插图。

对于五年这个时长，这些虽然不算什么了不起的成绩，但对我来说是值得骄傲的自我突破。如果当时没有那句"就，画啊"，那这五年也不过是最普通的、留不下任何印记的五年。迅速开始、持续坚持，在自己的基础上有所进步，就是我想要的成长。

每当有人对自己想做的事迟疑不前时，我就会用自己学画的小故事鼓励他：就，画啊！是啊，无论做什么，就，开始啊！当你开始去做时，就跑赢了大多数人，要知道，很多事情的难度不在于事情本身，而是我们头脑中设想出来的困难。

日本作家松浦弥太郎曾说："那些经常困于不安和焦虑的人，往往有想太多的坏毛病。"

怕自己做不成，怕被别人否定、嘲笑、质疑，想来想去，觉得自己没基础、没天赋、没准备好，就是认为自己不行……想太多，不仅会消耗掉更多的体力和精力，而且会瓦解你做事的决心和意志力。当我们迈出第一步，才会发现其实一切都准备好了，当你有足够强大的"想要"的意识，这世界肯定会回馈给你"要给"的线索。

我曾和一个拥有四家咖啡馆的朋友聊天，问她是如何在头脑冲动从外企"裸辞"后开始经营第一家咖啡馆的？她说，就是迅速行动，去结识咖啡圈的大咖，去报咖啡专业课程，去物色店址……现在回想起来，当时的选址并不好，但行动起来就会发现有很多资源、很多线索，发现问题并解决问题，也就做起来了。而且真的想做一件事并开始做的时候，就会有很多贵人出现，来帮助你。

确实，任何事都不可能等到"万事俱备"了再开始。迈开第一步很重要，它就像玩多米诺骨牌时发出的第一个小小的"力"，虽然微小，但可以推倒后面一连串的困难。

很多人想创业，想发展自己的爱好，想做一个副业或想进入另一个新的行业，但总是说"我没资源啊""我不认识任何相关的人啊""我连门在哪儿都不知道啊"，说得理直气壮。这种人就是那种"晚上想想千条路，早上醒来走原路"的人。现在网络信息发达，可以先在网上搜出基本门路。你想了解一个行业、一种生意、门店租赁信息？从官网、专业网站、商业媒体平台都可以搜到相关信息，可以了解基本框架。你想结识行业大咖、顶尖的老师？找啊。他们大多数人在微信公众号、微博平台及课程培训、知识付费领域都有自己的平台，这让想跟随名师学习也不再是隔山之事。

当你拿起一瓶马爹利，会看到瓶身上写着"1715"，啊，1715年创立，已经300多年了；拿起一个威基伍德的杯子，会看到杯底上写着"1759"，也快270年了。我也曾看到一个品牌下面写着"since 2002"，当时觉得有点儿可笑，2002年创立也值得"since"吗？但你想想，如果这个品牌依然存在，到今天，也20多年了。

我们所意识到的时间流逝速度还是慢于实际速度。三年、五年、十年、二十年，都稍纵即逝。当你画下第一笔，一幅画面就在徐徐展开。一件事情，只有开始做第一步时，它的生命计时才真正开始，而那些存在于想象中的事情永远不曾存在于这个世界。

04

从感兴趣的部分入手

迅速开始，又如何开始呢？

这是随之而来的问题。一本书太厚，读不下去；一项技能太难，学不下去；一个理想太高远，不知从何下手……太多"头'嗡'的一下就大了"不知道如何开始的时候，该怎么办？

美国作家斯坦利·费什在《如何遣词造句》一书的开篇写了两个故事。一个故事是，一个学生问一位作家："您认为我能成为一名作家吗？"作家反问道："那你喜欢句子吗？"言下之意是，如果他喜欢句子，那么他就可以开始写作了。另一个故事是，当一位画家被问到他如何走上绘画之路时，他的回答是：

"我喜欢颜料的味儿。"

费什通过这两个小故事讲出这样一个道理："你并不是从一个伟大的构思开始的，你的出发点源于对某一艺术形式的某样基本材料产生的感觉。"就像颜料的气味之于画家、句子之于作家。

对于如何开启一件事、怎样将一个计划执行下去，也是这样。

找到这件事中最吸引你的那个点作为入手点，会让"开始"变得简单且愉快。

2021 年，我打算把自己多年早起和时间管理的心得、方法梳理成一套对大多数人来说实用的训练课程，其中包含如何建立早起意识、早起的方法、时间管理方法、提高执行力的技巧等内容。我构思了好多内容，想想就有些畏惧，但后来这个课程仅用三个月就搭建起来了。我是怎么开始的呢？你可能想象不到，是从挑选喜欢的记事本开始的！

是的，对于一个"笔记本爱好者"，为学员挑选实用、简洁又漂亮的笔记本当作课程礼物是我最感兴趣的地方。于是我从选本开始，买了很多种试用，感受纸张的质感、书写流畅度，然后找品牌定制、请设计师设计……这不仅让我真正开启了这个项目，而且定制笔记本是有起订量的，若要把这些本子都用完，就需要卖出至少1000份课程。看，努力的目标也有了。

一些不可思议的细节也许是你完成一件事的源动力，找到自己最感兴趣的那个点，开启你的计划，一定可以事半功倍。

对于一个项目、一个爱好，甚至读一本书，其实都是这样。

我有一整套《追忆似水年华》，一直束之高阁，读不下去，怎么办？后来，我看到英国作家毛姆说："聪明的读者要学会一目十行的跳跃式阅读技巧，就能在阅读时获得最大的享受。"他说，像《堂吉诃德》，就算不读那些兴味索然的部分，也不会错过什么。作为普鲁斯特狂热的粉丝，他也愿意客观地说："他的书也不是每个部分都是很有价值的。"

我们过去总把阅读看得过于神圣，读不下去就会谴责自己，这种做法反而使自己对读书敬而远之。其实，只有把读书当作一种享受和乐趣，你才会真正亲近它。

写作也是这样，如果抱着"要写出震撼全人类灵魂的作品"的初衷，那可能一辈子也写不出什么。写出无数佳作的乔治·奥威尔是以什么为出发点开始他的写作的呢？他说："希望人们觉得我很聪明，希望成为人们谈论的焦点，希望死后人们仍然记得我，希望那些在我童年时轻视我的大人后悔……"

真的，读到这几句时，我被惊到了，这些是同样隐藏在我心里却从来没好意思说出口的话。难道希望让人们觉得自己聪明，希望成为焦点，希望给瞧不起自己的人甩一巴掌回去，这些不能成为初衷吗？当然可以，不要羞于承认自己的想法。就像奥威尔所说："如果说这不是动机，而且不是强烈的动机，完全是自欺欺人。"

那么迅速开始，又如何开始呢？现在你就有了答案：找到自己心里最有燃点的那个东西，找到一件事中对你最有吸引力的部分，不管它多么渺小、可笑甚至荒谬，它都是完美启动计划的切入点。

05

遇见真正的爱好

成年人的世界经常被无来由的低落袭击，对自己失望，觉得生活没意义，无法集中精力，世界一片灰暗……这种时候，能做的也只有给自己的心找个出口，安置那些一言难尽的情绪。

我现在觉得，写字、画画、读书，这些其实是最好的让人心安理得地混日子的避风港。虽然不能怎样怎样，但我至少怎样怎样了。

就是这句话，即使在最低落的时候，如果有能让自己躲进去的"乐趣"，也会有所收获、受到滋养。回头望向我经过的"暗夜时刻"，那些灯下读过的书、一笔笔在宣纸上写下的字、一张张画过的春花雪月是安慰剂，是一段段灰暗时光中跳跃的光斑。

我总说有个深度爱好很重要，但一个能让人托付身心的深度爱好又是可遇不可求的，究竟怎样才能"遇到爱好"并"培养爱好"呢？

其中的道理千言万语，但往简单了说，找到能让自己沉迷的深度爱好与谈恋爱找一生相伴的人，采用的方式居然是一样的。

幸运的恋爱源自一见钟情：只是人群中多看了一眼，就电光石火，双向奔赴。爱好也是，能一下就迷上滑板、登山、园艺、书法……这固然是幸福的、火热的、直接的，但也是概率极低的情况。大多数人所经历的恋爱开始只是因为一点儿好奇心、一丝吸引和一个不错的印象，渐渐深入了解，日复一日付出时间、用心探索、不断磨合，才让火花渐起。发展爱好也是这样的。

我最初接触水彩画，是被这种艺术形式的灵性和颜值打动，被它的洒脱和自由吸引，心里的向往让我不由自主去接近它、了解它。找老师、报课程、开始画，是在创造机会和它频频约会，与之亲近；不断买画材、买书籍、混水彩画圈子，热情在这些投入中变得越来越高涨。而这个心仪对象给我的，是不断的挑战、折磨甚至虐心，以及必须全情投入才能收获的一点儿进展、当我心灰意冷时又对我绽放的笑颜……

是啊，追逐爱情不也是这样吗？单纯的一见钟情和新鲜感可能只能维持很短的时间，太容易俘获的对象又缺乏挑战，这是人之共性。对于生活中那些简单易得的东西，我们总会以同样轻易的方式放手，唯有那些具有复杂性、专业性和挑战性的事物，才让人费尽心思地琢磨和日复一日地征服。好的情感关系会促使人们一直彼此探索，共同前进，发掘最好的自己。对的爱好也是，它本身的"高深莫测"和"不断进取"总让人产生新的欲望，从中发掘更大的快乐。

找到这种感觉，便是找到了最好的爱情与爱好。

世间万物看似复杂，其实本质相通。

在情感中，只是逢场作戏，最终不过收获个"花花公子"的浪名。在探索爱好中也是如此，如果只求速成、浅尝辄止，可能很多领域都略知一二，却始终浮皮潦草，很难有某样东西可以让你依附心灵。

认真的爱情和爱好都需要大量的投入：时间、精力、金钱，越来越多的沉没成本加在一起，其实是对自己内心更加确认——原来我是这么爱 TA 的啊，这才能促成长久的爱恋和兴趣。

爱好和爱情都不会凭空降临，不会毫不费力就让你魂牵梦萦。那些想空手套白狼和投机取巧的，也可能得到一时的欢愉，但一切都会迅速散去，很快就又陷入索然无趣和百无聊赖。

对生活的热情也好，对任何事情的爱好也好，其实都是一点点培养浇灌、一点点"虐"出来的，无一例外。

第三章

让时间可以掌控

01

我为什么 4 点半起床

2019 年 12 月 5 日，我临时起意，建了一个名为 "4 点半起床俱乐部" 的微信群。

"早睡早起少说话，欢迎加入'4 点半起床俱乐部'一起养生。"我把这句话连同群二维码一起扔在了朋友圈，没想到瞬间有一百多人入群。

当时我也很惊讶，这么"变态"的作息时间，为什么一呼百应？我以为只是我自己有些"疯"，没想到这么多人心底都有一个"想疯"的愿望。

实际上，每个人都知道早睡早起是好的，现代人熬夜透支过于严重，生活不规律。隔一段时间就会有"过劳死"的新闻被曝出，让人们为自己的生活状态揪心一阵。但过不了三天，这种焦虑就被现实生活打败。是啊，我们有那么多的事要做，白天的时间都不够用，还想晚上有一点儿独处的放松时间，怎么可能早睡呢？

我做媒体人出身，"熬夜"简直是曾经必选的生活方式。因为不用坐班，经常会晚上写稿到两三点，甚至四五点，然后睡到中午再去上班，看似也睡了七个小时左右，但没精打采是常态。哈欠连天，开会犯困，坐车必睡，甚至剪头发时都会打瞌睡……晚睡就像宿醉，往往两三天都缓不过来，而形成晚睡型的规律后，又必然是没底线的无限拖延，仿佛夜晚永远不会结束，12点、1点、2点，总有理由往后拖延。

这样的生活状态持续了很久，直到女儿上学后，我的作息才被强制调整过来。家里有小学生的妈妈都懂，毕竟晚上和她做功课"搏斗"到9点多已经"血格掉光"。因此，晚上11点左右上床、6点半起来做早餐渐渐形成规律，整个人的精神状态也好了很多。

但这样的作息规律还有无法解决的问题——时间不够用。当时我开始学画画，个人爱好需要时间，写作需要时间，公司的日常工作也需要时间，而晚上又基本在陪孩子。怎么办？于是我试着把起床和睡觉时间都往前提——10点上床、4点半起床，我惊喜地发现效果惊人！提前休息，干脆把晚上10点后疲惫、低效的时间用来睡觉，"子午觉"睡眠质量更高，这样虽然4点半起床，少睡了一个小时，但"睡饱"的效果很好。在被转移到清晨的两个小时里，我的效率和状态令人惊喜！

睁眼时天还是黑黑的感觉（夏天天已经亮了，但还没亮透）让人迷恋，去厨房煮一杯咖啡，伴着热气升腾，一缕缕香气溢出，这个静谧而清新的世界格外迷人，它是完全属于我的——我一个人的。

清晨，头脑格外清晰，睡眠过滤掉了前一晚的不良情绪，大脑从睡前的"拥塞"状态恢复畅通。这时坐在书桌前，如果画画，就已经有一张白纸和颜料在等我了；如果阅读，书本和铅笔也已经摆好，等待被开启……这些前一晚做好的小准备，让我的清晨永远不会从一片空白开始，这种期待也是每天唤醒我的动力。

从 2019 年到现在，我早起的习惯早已非常稳定，从来不需要闹钟。在这段安静又充沛的独处时光中，我和整个世界仿佛拉开了一个美妙的时差。那种"一看表还不到 7 点，但我已经做了很多事"的满足感就像赚到了很多时间，让人一整天都欣欣然——从容、愉悦又滋养，内心充满安全感。

早起并没有让一天的时间变得更长，但早上的时间更有边界感，使做事的效率更高，减少拖延。早起的这段时间，周围也是安静的，整个世界都还在沉睡，那种静不仅是没有人声的嘈杂和电话的骚扰，更是静到可以聆听自己内心的声音，回到最孤独本真的状态审视自己。早起是顺应整个自然的规律，吐故纳新，让全新的能量充满身体，神清气爽地面对崭新的一天……这些都是比早起本身更重要的东西。

在这几年中，我利用早起时间学习了多门喜欢的课程，让自己保持学习的状态，有目的地精进，为自己的爱好和成长播种。同时，我利用清晨和上午时间的连贯性，让工作更容易达到心流状态，效率更高，减少了焦虑感，让生活节奏更从容。

2021 年，"4 点半起床俱乐部"还升级成了一门由我主导的课程。我把自己早起实践的经验和时间管理的方法结合起来，带领学员们一起感受这种"早起的爽"。在课堂上，我把"早起"形容成一个按键，按下它，时间就像多米诺骨牌一样环环相扣，开启的是一种良性循环：因为早起，倒逼自己早睡，由此理顺每日时间表，减少琐碎的消耗，保证睡眠；因为早起，为自己制订更具体的计划，提高执行力，让梦想成真；因为早起，规划自己的爱好、学习、锻炼需求，进一步理顺了自己成长的脉络……

英国作家特罗洛普曾经说："习惯这个东西，具有水滴石穿的力量。一件微不足道的日常小事，如果你坚持去做，就能胜过那些艰难的大事。"

改变是一个渐变的过程，当我理顺了自己的节奏，找到了自己的内需，并一点一点体验到早起真正的好处后，根本不用意志力或者逼自己，也一样能轻松做到自律。我想，这才是真正"高级"的自律吧——让自己发自内心地想做、充满热情地做、迫不及待地做。

独处，
给自己的礼物

每天清晨 4 点半起床，这对我绝对不是挑战，而是福利。天还没亮，家人还在睡梦中，手机上一片寂静，几乎没人会在 7 点前给他人发信息，该办的公务最早也要 9 点才开始。这一段独处的清晨时光真是上天的恩赐！

我是个非常喜欢自己待着的人，不管看书、画画、写作，还是东摸摸、西弄弄地自己玩会儿，都不会觉得无聊。反而是太密集的社交生活会让我有窒息感。如果一周三天都要出去见人、参加活动或宴会，我会感觉非常疲惫。有孩子之后，陪伴孩子的时间占了主角，这也曾让我一度压力很大，仿佛"自己"这个角色渐渐消失，生活中只剩下了妈妈、职业女性、"琐事救火员"这几个身份。人失去了只和自己相处的时间，就像和自己断了联络，不再熟悉自己，也不再关心自己内心的成长和需求。

年轻时，我也希望有个大大的房子、宽敞的客厅、长长的餐桌，能随时呼朋唤友地办聚会。但随着年龄的增长，现在的我更珍视自己的那一方小小书桌。端坐桌前，周围的一切仿佛变成了无声的画面，喧闹的世界被屏蔽在了头脑之外。那些人情世故、赚钱或赔钱的业务、琐碎的家事，那些纷扰的是是非非……所有都被挡在心门之外，在这小小的书桌前，只有我一个人，和自己相处。

人到中年，就会发现，上天给人的诸多礼物中，一部分是要与人分享的，另一部分则只属于自己。前者是亲情、爱情、友情，以及金钱、荣誉和快乐，而后者是成长、领悟、灵性，还有深层次的愉悦和平静。

人们似乎都会走同样的路：年轻时向外求索，把时间花在追求更多的财富、成功和那些特别渴望的情感上，迫不及待地想投入人群之中，得到声音洪亮的认可，找到坚实的情感依托，让自己远离孤独；慢慢成熟后，发现繁华喧闹中的自己如此脆弱，当内心缺乏足够的根基时，外在的一切都岌岌可危，随时化为云烟。这时，又把目光渐渐转回自己的内心，重新审视深藏的需求和渴望，探索那些需要独自前往才能寻觅到的宝藏。

于是，在漫长的岁月中，我试着一点点送给自己更多的独处时光：从偶尔关机一个小时，到中午独自外出就餐；从一个人去看一场电影、去公园散步，到一个人展开一段旅程……当然，更多的还是日常有意而为的时间安排，就像这些年我养成的早起习惯。清晨的两个多小时让我每天开始得平静且从容；写作期间"半闭关式"的自我要求，虽然不可能像其他作家那样离开家去酒店真正闭关，但在自己的书桌前连续八个小时不问世事还是能做到的。这种更多关照自己内心、和自己相处的做法，在成年人的世界里，是奢侈品，也是必需品。

独处是给自己的头脑重新充电的过程。阅读、思考、冥想、散步……需要创意和创新的工作者必须在这个过程中修复自我，冲破层层世俗观念，远离种种陈词滥调。是这份孤独，让人们获得生命最深层次的灵感与启发。

独处也是给自己修枝剪叶的过程。一个人的内心世界，只有在独处中，才能得到足够的空间，长出新的枝芽。心灵是沃土，聆听内在的声音，才能知道要把成长所需的养分输送到哪里，

"自我"的这棵大树又最终会长成什么模样。

渐渐地，我发觉，能够在独处中体会到乐趣，就更容易在不同境遇中找到深层次的快乐。发掘乐趣是一个动用强大的感知力和探索能力的过程，那些独自读一本书、画一幅画或看一片云就很快乐的人，内心的静谧与充盈能让最平淡的生活也开满鲜花。

能够充分享受独处的人，才是真正爱自己的人。他们不会轻易感到不安和恐惧，不会因无聊而寻求一些并非出于本意的人际关系，用热闹填补空虚，更不会去依赖药物、娱乐、刺激等能麻痹心灵或转移注意力的东西释放自己。

独处同样在考验人的自我约束能力。在独处的过程中，如果没有强大的心灵秩序，就无法掌控自己的注意力，达到心流状态。这也让善于独处的人更独立，脱离对他人的依赖，不企图在其他人身上印证自己的人生意义和价值，而是更专注于成为更好的自己。

在这喧闹的世界里，独处的时光是我会永远留给自己的那份最好的礼物。安静、自在，不用周旋于复杂的人、事之间，这是为自己独留的一片精神净土。

03

対时间，先下手为强

有时候我会对自己发誓，接下来这段时间里，除了画画，什么也不干。然后又会想到，对了，还有几个重要活动要参加，还有文章要写，孩子也要考试了，要带她复习……要不，忙完后有了整块的时间，再开始画吧。然而一旦这个想法浮现，就像脑子里的警报器"叮"的响了一声，潜意识中其实我已经知道自己很难有"整块的时间"让画画这件事如期发生，这不是第一次了，每当想到"等我有时间了，我就开始干什么"，基本这件事都迟迟无法开启。

好多事都是这样，"等我有钱了""等我有时间了"诸如此类的"等我有……"，往往是对自己的一种敷衍，也是让后面要做的事成为泡影的先兆。

意识到了这一点的并非我一人，美国漫画小说家杰西卡·阿贝尔也曾经希望努力为漫画工作腾出时间，但不管她如何调整自己的时间表，结果都以失败告终。后来她才明白，唯一可行的办法是反过来索取时间：立刻开始画画，每天画一两个小时，即使因此耽误了一些她极其重视的事情也在所不惜。

这个做法和我后来给自己找到的解决之道是一样的。当我开始自己的早起计划后，如果我想画画，就每天用 4 点半起床后那段无人打扰的时间，专心画两个小时，即使当天有再多的事，也轮不上用这段时间去做，这种每天两个小时的积累，帮我持续精进了自己的绘画技能。

对于写作也是一样的，上午 8 点以后到下午 2 点之前的这段时间，我会优先留给写作，即使当天什么也写不出来，只要这段时间在，大脑就会为此运转，至于转得如何，可以不抱希望，但至少不会让人感到绝望。

在时间上，先偿付自己。杰西卡·阿贝尔提出的这个观点被写进了很多时间管理类图书，她的核心要义和财务上"先偿付自己"的原则一样，就是说，若你在领到薪水当天就拨出其中一部分作为储蓄或投资，或者偿还债务，那你很可能不会觉得少了这笔钱。但如果你先去买需要的东西，盘算最后会剩下一些钱存起来，那往往会发现自己最后分文不剩。在时间上也是如此，如果你一大早起来就打开邮箱，回复客户邮件，那你原计划的 20 分钟早读时间一定会被挤掉。但如果在打开邮箱之前先读 20 页书，也一定能在一天中压缩其他时间回复那些必须回复的邮件，世界就是这么奇妙。

有了这种意识后，我就不会在清晨抓起手机回复微信，或者用这么优质的时间赶工作报告。把需要回应别人的事往后安排，满足自己的事优先去做，就比如画画、读书、写作、锻炼……早晨的时间应该用来做有思考、有创意的事，做那些对自己长期成长有积累的事，也可以是那些让自己内心能获得愉悦和满足的事。

反过来索取时间，有一种先下手为强的快感。那些排列在前面的事也许并不紧急，画画今天画、明天画都一样，写作也是，但它对我来说很重要，每天坚持会产生不可思议的量变。要让这样的事优先占位，当它站稳脚跟后，其实也可以趁机重新打量那些被挤到后面的事：有些是不是可以不做？有些是不是能交给别人做？真的有必要去那个时尚圈的派对吗？这个行业会议确实对我有帮助吗？是的，我们早已学会对自己不愿意做的事说"不"，但还要学会的是更进一步——划掉一些看上去颇有吸引力的事。

04

给时间修枝剪叶

工作时，我总是把手机调成静音模式，放在旁边，但余光依然能瞥见屏幕一会儿一亮，也许是微信上的留言，也许是 App（手机应用程序）推送的通知，心思稍一摇摆，注意力就"嗖"的一下被带跑了，半天也回不来。

在一本书上看到过一个故事，妮娜苦恼于孩子们在平板电脑和手机上消耗了太多的时间，丈夫更是整日趴在电脑前，一家人的交流渐渐减少。在心理医生的引导下，她发现他们的生活被太多的 App 控制，四面八方的信息扑面而来，这些信息给生活造成了额外的压力，消耗掉很多时间，于是她从全家一起删除无用的 App 开始。App 本身无罪，有问题的是我们无度的需求。删除 App，并非要和这个时代划清界限，而是做欲望的断舍离，以及合理的时间规划，只保留必要的让我们的生活更便捷的 App，以减少时间、注意力和金钱的消耗。

确实，在生活中，消耗大量时间的根源正是日渐庞杂的信息，这些信息不断分散我们的注意力，让原本优质的时间和高效的状态被打断。但我们的人生可以说就是我们注意到的所有事物的总和，在碎片化时代，怎样才能凝聚时间和心智，把精力用到更值得投入的地方呢？

"现代管理学之父"彼得·德鲁克曾说，那些成功的高效人士的秘诀之一就是，他们一次只专注完成一件事，拒绝浪费时间在一些琐事上。那么什么是琐事呢？这就需要我们在日常生活和工作中先把琐事择出来，合理安置，才能保证重要的事顺利进行，相当于给自己的日程安排做一次深度的断舍离。

让我时刻分神的那些手机上闪烁的微信消息、电子邮件及很多日常家务，都属于紧急但不重要的事，可以用碎片时间集中处理。比如，在不重要但必须参加的会议上回邮件，每隔一个小时集中处理一次微信留言，用陪孩子写作业的空隙做一些家务，等等。

另外，诸如 App 推送的新闻、商品信息，或者每隔一会儿就忍不住想刷的朋友圈、短视频都属于不紧急也不重要的事，应该做到尽力减少或从日程表上删除。就像故事里的妮娜那样卸载多余的 App，我们也应该尽量取消关注那些没营养的公众号，退出无用的微信群，关闭功能性 App 的系统推送通知，这样做都能尽量减少干扰。别小看这些干扰，它们如"嗡嗡嗡嗡"的蚊子一样让人不得清净。当你把自己的世界变得宁静清爽，整个人的注意力也会更加集中。

此外，还有一个对我有用的方法，就是每天列出最重要的 1 ~ 3 件事，提前做到时间占位，挤走那些没必要的事。就像当你必须在 5 点去做瑜伽、7 点写完一篇文章、8 点参加一次会议时，面对逛街、参加可有可无的活动、刷小视频这些事，自然会问自己："我有时间吗？""没有！"

我们整理房间做收纳时会扔掉闲置的、无用的物品，即使不太舍得扔掉一些东西，但当你认清了它们对自己的生活早就不构成任何影响时，也就放弃了。这个过程其实也是在整理内心、整理欲望和需求，本质是更了解自己想要怎样的生活方式。整理物品是整理人生，整理时间更是深层次地整理我们的人生方向。给自己的时间修剪枝叶，让有限的生命在梦想的花园里长成参天大树。

05

学会花别人的时间

作家龙应台在一篇文章里写道：

我可以在十分钟内，给四个孩子——那是两个儿子加上他们不可分离的死党——端上颜色漂亮而且维他命 ABCDE 加淀粉质全部到位的食物。然后把孩子塞进车里，一个送去踢足球，一个带去上游泳课。中间折到图书馆借一袋儿童绘本，冲进药房买一只幼儿温度计，到水果店买三大箱果汁，到邮局去取孩子的生日礼物包裹同时寄出邀请卡……然后匆匆赶回足球场接老大，回游泳池接老二，回家，再做晚餐。

有没有很熟悉的感觉？作为女性，养育孩子，有时还不只是一个，本身就是一场焦头烂额的战争。况且大部分女性还有自己的工作，无论是公司职员、自己创业，还是像龙应台一样是作家、自由职业者，这让她们成为三头六臂的超人妈妈。龙应台感慨，母亲，原来是最高档的全职、全方位的首席执行官，只是没人给薪水而已。

在各种媒体采访中，总问成功女性如何平衡事业和家庭，却鲜有人拿这个问题去问男性受访者，在不公平的背后也揭示了一个残酷的现实：作为母亲，就意味着不仅要为自己的事业和生活付出，更要照顾孩子和家庭。

现实生活就像一场海啸，随时劈头盖脸地袭来，妈妈们面临的挑战显然比其他人更多。在我的"置爱早起光芒计划"课程上，很多妈妈也希望给自己的时间表找出一些属于自己的空隙，不要总被生活牵着鼻子走。我给她们的建议是，必须学会"管理别人的时间""花别人的时间"。是啊，无论怎样"管理"，自己的时间一天只有24个小时，不会更多，若要从中找到破解之道，就必须把时间延展出去，学会利用别人的时间。

下面，就是我给妈妈们开出的五剂破解"没时间"的解药，看看是否对你也有启发。

付费外包

看前文龙应台描绘的生活场景会让我们感慨，时代不同了，现在的生活真的简单多了。至少买几箱果汁可以通过网购解决，邮寄东西也不必再去邮局，快递一小时内就可上门取件。就连借书、营养餐这些也可以通过网上服务、外卖解决，我们都不必亲历亲为。

这几年国内服务业的发展、外卖和网上业务的日常化，让我们的生活便利了很多。花钱买服务是花钱买享受，更是买时间。我们可以把日常的这几类事情统统打包交给他人来做。

有完善服务体系的事

打扫卫生、同城快递、代办业务、买咖啡、买花、超市购物等。随时更新自己的信息系统，与时俱进，总能找到更方便、快捷又省钱的途径。

不擅长的事

也许是栽花种草，也许是给孩子辅导功课，或者是做 PPT（演示文稿）、海报设计、电脑网络维护……不管是家务活，还是工作方面的事务，很多渠道都能找到外包服务，比自己硬着头皮做，也高效很多。

不想做的事

有人觉得做饭是享受，有人则觉得痛苦不堪，宁可叫外卖；有人贴身衣物件件都要手洗才安心，有人宁可多准备一台内衣专用洗衣机；有人喜欢收拾屋子，有人则选择花钱请专业收纳师来做收纳规划……

现在，不想做的事基本都可以找到方法解决。必须说的是，没必要被思想绑架，觉得女性就得会做饭，不亲力亲为就不幸福，自己做的才更干净、更好、更优质。要承认，每个人擅长的和喜欢的东西不一样，时间投入的重点也不同。把日子过好的方式千差万别，在自己的经济能力可承受范围内找到解决之道，才是终极目标。

建立自己的生活供应系统

一位在公司做高管且有两个孩子的朋友感慨，说她能同时搞定很多事情，是因为有自己构建的一组靠谱的生活供应商。对此，我特别赞同，我们可以让自己的生活高效顺畅，很大程度上是因为我们为自己积攒的这些生活供应商专业靠谱、不掉链子。

比如我的发型师为我打理头发已经超过十年时间，不仅预约方便，而且他熟悉我的发质、我对发型的喜好、我理发时不爱说话的习惯，在时间上和精神上为我节能。

买花是很好的生活情趣，但去花卉市场路程远、耽误时间。我手机里存着至少十家花店联络人的联系方式，从高档定制花束到普通新鲜花材，可根据需求联系他们，方便快捷。

从孩子出生请月嫂开始，我一直用同一家家政公司，十几年过去了，我依然每年付中介费。他们非常专业地根据我生活需求的变化，提供适合的家政人员，也能随时解决家政人员临时请长假、离职这类事情，为稳定的生活提供可靠的支持。

我的手机通讯录里还有"崔牛肉""张木匠""王水果""陈司

机"等标注，他们可能是我爱去的菜市场的摊主，可能是我在那儿买过东西的店主，也可能是手艺人、服务出色的网约车司机、善于助人的快递员……积攒自己的生活供应商，和他们建立长期友好的关系，是解决日常需求和突发需求最快捷、安全的保障。

学会花别人的时间

我们每个人都是自己人生的首席执行官，作为女主人，也是一个家庭的统帅。那么这个职位最重要的职责是什么呢？是事必躬亲吗？肯定不是，正确答案是管理和分配任务。

是的，会管理，会指挥，善用别人，信任别人，才是杰出的领导者，也是轻松智慧的女主人。大包大揽只能收获怨气，会分派任务才是聪明的女人。

打开你的每日任务清单，想一想，哪些事可以交给其他家庭成员去完成？他们是伴侣、孩子，也可以是其他亲人。

曾有男士抱怨说，我并不是不愿意做家务，只是我干什么，她都嫌不好，需要干什么活儿也从来不明说，这让我怎么伸手？

女人总是希望男人更体贴、更自觉、更有眼力见，但就和公司员工不可能个个都做到主动、自觉、勤快、爱思考一样。放弃这种执念，用任务去改变，明确分配家庭生活中的琐事，及时给予肯定和鼓励，一定能分解原来自己大包大揽的繁重家务。

我们一说"时间管理"，就把严厉的目光投向自己那已经很可怜的时间。其实，"时间管理"更重要的一环是学会"花别人的时间"，这样才能把时间扩展出更多的可能性。

核算自己的时间性价比

什么是时间性价比？

就是如果将你做一件事情花的时间用在其他地方，会不会收益更高？付出的时间是否值得？

比如搬家。亲力亲为地打包收拾一个星期，然后再拆箱整理半个月，省钱，但费时间、费精力。这么长时间、这么多精力，用来做别的，是不是更划算？如果条件许可，可以换成高端搬家服务，他们帮忙打包、拆包甚至复位，也可以请专业收纳师做后期规划整理。

比如选住址。很多家庭面临一个问题：孩子上学后，学校和住所有不长不短的距离，家长接送，要搭上很多早晚高峰时的宝贵时间。可以考虑租房，搬到离学校步行五分钟距离的地方。这样做看似多花了钱，但不仅节约了家长的时间，也让孩子有更多睡眠时间，还能和附近的同学一起玩耍，这个性价比就很高。

厘清时间指向，知道自己的重点目标，然后就可以在任务清单上有所安排：哪些一定要亲自做，要用优质时间做；哪些可以外包，可以交给别人，通过购买服务的方式节约时间和精力。

每个人都不可能有比一天24个小时更多的时间，让生活井井有条，兼顾自我成长和发展，需要更多时间上的取舍。根据你的年龄、收入和现阶段人生的重点，核算自己的时间性价比，做出合理的时间规划，才能有更多的精力用在关乎自己未来和发展的事情上。

复制自己的时间

时间可以复制吗？在某种情境中是可以的。

小时候，妈妈把我最爱听的故事都读出来，录成了一盘磁带，这让她有了额外的时间学习外语，而我也在反复播放的故事中找到了自己沉浸的世界。

在日常工作生活中，花些时间整理那些可以构成体系的东西，不仅可提高效率，也让一切更有章法。做家务也是同样，归纳出每日必做清单，甚至把工具使用方法录制成小视频，无论自己做，还是交给小时工去做，都可以避免重复的规划、讲解，这就是在有效地复制时间。这种努力可能在一开始很辛苦，但一旦做好了，将为你节约大量宝贵的时间。

我相信任何一个可以把时间安排得很好的妈妈都有非比寻常的能力、毅力和智慧。面对家庭和孩子，女性的责任、负担、压力和方方面面的消耗通常是男性的很多倍。这五个方法其实都是在想办法拓展自己的时间，寻求外援，学会花别人的时间，这样才能更加珍视那些对自己来说很重要的时间。

第四章

感受生活
的温度

家，身与心的小世界

01

每年春节前，朋友都会从南方寄来两箱漳州水仙。这种号称"凌波仙子"的水仙花沉睡在泥土中时是一个个灰头土脸的土坷垃，扒开土块，洗清泥土，才得见它白而透着青绿的球茎。摆入深盘，放在阴凉处，慢慢浇水，等待它抽芽，长出繁茂的花苞，然后盛开。

而 2020 年年初那个冬天，这些水仙并没有在春节期间盛开，它的花期足足晚了两周。朋友抱歉地说，也许是被假水仙骗了。我说不是的，是它善解人意。当时恰是新冠病毒蔓延的第一个冬天，家中花瓶里插着的所有鲜花都已经凋零时，它绽放了。"芳心尘外洁，道韵雪中香"，这香气扑鼻的水仙花给寒冷而让人心碎的早春带来了无限生机，让紧闭的家门内有了浓浓春意。

那一年，当我失去了原本正常的日常生活时，忽然对"家"有了新的审视。常换常新的鲜切花无处购买了，但阳台上女儿种的多肉、家中栽种的蝴蝶兰，以及陪伴了我们十几年的阳光榕，那一刻都像通晓人情一样，在屋内温暖的阳光下抽出新芽，绽放花朵。

植物予人的是生命力，是希望，也是长久且默默的陪伴和慰藉。平日给予它们的一点一滴的照顾，在这一刻，它们加倍报答。与植物一样安抚人心并给生活带来长久趣味的，还有那些书籍和艺术画作。

在我的书桌前，挂着一幅法国版画家埃斯泰布（Estebe）的小版画，美柔汀技法让黑白效果的小兔子格外细腻温柔，画面中唯一的色彩是橙色的小胡萝卜，像跳动着的希望。它的左边挂着一幅从德国老书店淘回的植物绘画，我爱植物与花朵，爱一切相关的艺术画作。与它相邻处挂的是南京艺术家卞少之的水彩画《蓬莱松》，笔触轻松灵动，水色流动间是一种潇洒的情怀。卞少之是获得过英国约翰莫尔绘画奖的中国画家，也是我的朋友，我在他的画展上收得这幅小画。同时收藏的还有另一幅油画，画面上是一匹木马和骑马的国王，背景远远的是中国水墨意境的山水。我第一眼就爱上了这幅画。少之对它的解读是：即使是国王，踏遍千山万水，还是赤子之心。

家里的墙壁上、桌案上、空白墙根前，处处都有我爱的画作。书架上还堆放了很多图书，其中一些是买了很久却迟迟还没看过的，还有很多虽然看过却值得再次捧起。在那段静默的时光里，这些都是长久的精神滋养，即使外界风雨交加，病疫肆虐，它们让人可以安居于室，久久凝望。

英国作家马特·海格曾说："不要相信什么好坏、输赢、胜负、高潮低谷。在你的最低处和最高处，无论你是快乐还是绝望、平静还是愤怒，都有一个最核心的'你'是始终不变的。这个'你'才是最重要的。"

是的，最核心的"你"便是一个人内心积攒的能量，它来自对生活的热情与信念、对他人的爱，以及细细碎碎的情趣与爱好。肉体上的舒适感、安全感和精神世界交织在一起，凝聚在家中，让人在艰难和厄运面前依然有所憧憬与依托，这个家是自己小小的避风港，更是为痛苦寻找到出口与治愈的良方。

那段时间，我每天依然 4 点半起床，画画、读书或冥想，看着晨曦一点点从东边的窗户照进来，一家人全于 24 个小时在一起的生活一次次在面前展开。这漫长的宅家时光，有烦躁，但也让人感受到一种久违的温暖。就像自己小时候度过的那些平淡的假期，也是一家人凑在一起，每日三餐围坐餐桌旁。碗里的饭菜、相互的交谈和屋里的灯光一样温暖恒久，这是家的底色、家的滋养。

那三年的时光仿佛已经远离我们，但记忆会永远留在心间。不管家是大是小，是奢华还是普通，在这个屋檐下，我们在一起。门紧紧关闭着，一切危险都被挡在外面，冰箱里有满满的食物，床上有温暖的被褥，我们还有图书、画作和植物，我们还可以和爱的人、爱的一切在一起，互相保护着，紧密地在一起。

家，是身与心的小世界；日常，是抵抗无常的能量。

爱
是
一
件
件
小
事

02

一次为杂志的情人节专题征集"你做过的最浪漫的事"。问到一个朋友，他脱口而出：晚高峰时打车去接女朋友下班，从二环堵到三环、四环，快两个小时才到家。

这让我一下想起网上流传的一种对爱的诠释：很有时间，不怕麻烦。这八个字太精准了，肯不肯为一个人花时间，怕不怕麻烦，真是衡量爱的最佳标准。

"爱"这个词本身是宏大而模糊的，但人和人之间情感的浓度其实是靠一件件小事、一点一滴的时间堆砌而成的。

我依然记得在副食品供应紧缺的年代，父亲可以骑着自行车跑遍北京去买羊肝回来，因为他听说小孩吃羊肝明目；记得母亲为招待我的十几个小伙伴，一人闷在狭窄的厨房里煎炒烹炸四个多小时，做出一大桌子饭菜；记得失意时，闺密半夜赶来为我煮一碗热腾腾的白菜热汤面……

爱对于我，就是这些细节中的温暖，是一粥一饭、一颦一笑中的情感。

很多年前，我写过一本书——《爱就是在一起，吃好多好多顿饭》，这个书名后来变得耳熟能详，也成了人们爱用的示爱语。这句看似平平常常的话，却戳中了人们内心最柔软的地方，更重要的是，它让人开始从一个细小的角度审视自己的生活和情感：爱不是轰轰烈烈的表白，而是温柔温暖的相伴，吃饭也不仅是为了满足口腹之欲，而是为了更好的相聚和更精彩的日常。

把爱变成行为、话语，让它有细节、有味道、有温度，是让爱的浓度更高，让身边人能被它温暖到的方式。我们学过很多课程，却往往缺少一门"如何让爱变得更具体"的课程。我归纳了下面三个小方法，也许，这些简单的方式真的可以让爱闪出火花。

舍得花时间，浪费有时也是浪漫

刚提到的那位晚高峰打车接女友的男士，在我们称赞他好浪漫的时候，他脸上忽然又浮现一副恍然大悟的神情，说：咳，你们说的是"浪漫"啊，我以为是问"我做过的最浪费的事"呢。

哄笑之余，我说：确实，有时候，浪费就是浪漫。

我们说的当然不是饭桌上摆阔气的浪费，或"以随便刷卡来证明爱"的浪费，而是在某件事上肯花时间、不怕麻烦、用尽心思的"浪费"。就像几乎没有一道菜因为仅仅具有"5分钟就能做好"的特质而吸引我，在做饭这件事上，我舍得浪费时间。

我做过一道很清爽的小菜——桂花梨汁浸樱桃番茄，将小番茄去皮，用梨汁和桂花酱至少腌渍一天，出来的味儿除了樱桃番茄本身的味道，还有淡淡的桂花香和梨的清甜，放一颗在嘴里，润润的，从舌尖到心脾。

还有香酥鸭腿，鸭腿要用海盐和黑胡椒反复揉搓，然后放进冰箱冷藏24 ~ 48个小时，其间还要拿出来揉搓。用清水炖熟后，擦干表面水分，再用热热的油煎到表皮金黄酥脆，配上莓子果酱，外焦里嫩，香酥入味。算下来，最快吃到嘴也要一天半的时间。

在闲暇时光，为家人这样去做一顿饭，再花很多时间布置好漂亮的餐桌，是最具体的爱的表达。人生中有些时间就是要被浪费掉，仅仅为了寻求其中的愉悦，这种浪费也是在一切讲求快速和便捷的社会中最浪漫的做法。

在内心深处，永远像个孩子

每当想表示关心的时候，我们好像只会说"多喝水"。

感冒了多喝水，拉肚子多喝水，加班多喝水，出差多喝水，生气更要多喝水……

就算是水可以加速代谢，医治百病，但缺乏对爱的想象，真的靠多喝水仍毫无效果。

换作小孩会怎样表达呢？

记得我去医院陪老父亲打点滴时，女儿会跑过来在我包里塞一个毛绒小狗，她说：让它陪着姥爷，姥爷打针就不害怕了。

当我们只会夸孩子"你真棒"时，他们却可以说："妈妈是花儿的味道，有时候还是柠檬蜂蜜味儿的。爸爸是大树的树叶的味道。我是糖果味儿的，有时候还是樱桃味儿的……"

这种细小生动的表达让爱变得温暖动人。孩子往往不受知识和常识的束缚，更有本能的力量，向他们学习这种敏锐和以己之心待人的方式，真的很有必要。

孩子是来点化我们的神灵，他们总在指点、暗示着麻木的大人去发现被忽略的微小的幸福。在内心深处，我们可以一直是那个 3 岁的孩子，这个世界也会跟随我们变得如在孩童眼中一般充满爱和喜悦。

马上去实现

我们总是不由自主地把时间当成对未来的投资，希望现在付出的在将来某一时刻得到回报，但这无疑让我们总是很难活在当下。那些过得更幸福的人往往只从当下摄取营养，珍惜眼前的爱，从不会为一个远大的目标而放弃眼前的生活。

记得一个做演员的朋友曾忧伤地说，他的人生被分割成了无数个三个月。拍摄周期往往是三个月，他们在这段时间与亲人分离。但我的另一个演员朋友的做法完全不同，她会带全家老小一起跟随她到拍戏的地方，租一个宽敞的公寓，布置得很漂亮。对，即使只有三个月的租期也一样舍得投资、不怕麻烦。在她看来，所有付出都抵不过人生中稍纵即逝、不可复制的三个月，孩子不会停止成长等待你，那些与家人相处的时光才是生命中最重要的部分。

我还认识一对夫妇，他们在乡下有一个院子。女主人一直想修建一个洒满阳光的大厨房。但你知道，乡下的房子，那份租赁合同的可靠性令人不安，他们也会焦虑，花几十万、上百万元整修好的房子，也许第二天就面临拆迁。在犹豫中过了一年又一年，终于他们还是动工了，并不是拿到了可靠的房契，而是男主人说，如果这样将就下去，日子终究是在将就中度过的，生命短暂，就让我们约定，即使房子修好了就被拆掉，也不许因此而生气。

有一个梦想，有一种想要的生活，有一份爱，无论大小，马上去实现它，毕竟有生老病死，有天灾人祸，爱情会消逝，心意会转变，不要为了一个远大的目标而放弃眼前的生活，不要总说"等我有钱了，等我有时间了，再……"，等这些都满足了，也许早已物是人非。

爱，就是一件件小事，一点一滴的时间堆砌而成的。爱是一个动词，只有变成行动，才会产生迷人的火花。舍得花时间、花心思对待爱的人，在我们所拥有的唯一的一生中，这些"浪费"必不可少。像孩子一般对这个世界保留充分的善意和细腻的观察，用本能去表达；从每一件想做的事做起，不怕麻烦，充满勇气，去实现那些你最看重的爱。

就是这些，让爱变得细微又具体。

生活繁忙，
餐桌也要迷人

"昨天的家宴做得好棒啊，都是你亲手做的吗？你怎么会有那么多时间做饭呢？每天都能把日子过得那么美，唉，工作忙死了，我想做都没时间……"

偶遇一个好久没见的朋友，她对我朋友圈里秀的家宴照片大发感慨。

其实这也是我平时被问到的最多的问题之一，无论是我写的几本书里那些精美的餐桌图片，还是平日社交平台上展示的家宴、早餐或餐桌布置，总会得到类似的反馈：你的生活每天都那么美好，是怎么做到的？羡慕你从容、悠闲的日子，你怎么能又工作又有那么多时间做饭呢?

是的,他们用了"每天""从容""悠闲"这样的关键词。实际上,我真的不是每天都可以做出这么丰盛的饭菜,大家看到的美好、悠闲、从容的生活往往只存在于周末和假期,或是起得很早的清晨。其实对每个工作繁忙且要兼顾家庭生活的女性来说,都要面对很多共同的问题:应对繁忙、紧张、高压的工作的同时,又希望保证生活质量,照顾好孩子和家庭。生活和工作是两件背道而驰的事,其中并无平衡之道,我们努力寻找的不过是可以构建美好生活的解决之道。

那么,让我的餐桌看上去新鲜、好看、舒服、健康的解决之道是什么呢?

首先,寻求更健康、便捷的烹饪方式。

2000 年年初,我得到了一个很重要的礼物——一个 40 升的烤箱,这让我的生活发生了很多改变。在传统烹饪方式的基础上又增加了一种——烤。我做得最好的几道主菜,酸辣烤鱼、脆皮鸡腿、香烤小排之类的都是用烤箱轻松搞定的。这不仅让饭菜的口味更丰富,也减少了做菜过程中的油烟,使烹饪快捷又方便。有人因为一把吉他走上音乐之路，我是因为一个烤箱找到了烹饪的乐趣，新的工具改变了观念、开阔了思路。

实际上，这也是近 20 年来，很多中国家庭在饮食和烹饪方面悄悄经历的一个改变。越来越多的西式烹饪工具进入家庭日常，除了烤箱，还有破壁料理机、面包机、空气炸锅、自动炒菜机器人……这些工具促使大家去尝试更多的烹饪方式。简单说，过去早餐可能做炒饭、米粥、包子，而现在在这些工具的帮助下，烤面包、焗芝士意面、减脂混合果汁、华夫饼都变得简单易得。既节约时间，又看上去很美，还能保证营养。过去准备家宴，最常见的场景就是，主人扎在厨房里一直在炒菜，客人无趣地等待，等到一桌菜都上齐了，先出锅的菜也凉了，这中间丧失了很多交流的乐趣和第一时间品尝美味的感受。有了蒸烤一体机之类的工具帮忙，除了增加了一些菜肴烹饪的手法，伴随而来的是人们接受了一种观念——像西餐那样按前菜、主菜、甜品划分的方式上菜。一边做，一边吃，一边聊天，菜品也中西结合。正是这个转变，让我即使一个人，也敢请一帮朋友来吃饭，不但可以从油烟弥漫的厨房里解放出来，加入交谈之中，还能以最合理的时间线做出色味俱佳的菜肴。

其次，尝试更多样化的食材，让日常饮食脑洞大开。

我是在北京出生长大的，小时候，北方城市的蔬菜选择很少，尤其是冬天，几乎每天靠白菜度日，熬白菜、炒白菜、白菜豆腐、白菜丸子。有时回想起来，还能隐约记得那种面对餐桌无望的心情。千篇一律的食材总是让人厌烦，而且这种厌倦会从餐桌直接延伸到整个生活中。所幸现在我们可选择的食物种类越来越多，无论南方还是北方，都可以随时买到国内外的蔬果，而且几乎不分季节。

与此同时，以前在中餐饮食中不常出现的食材也越来越多地被接纳。20 年前，如果你用牛油果做沙拉，那必定要颇费口舌地解释一下牛油果是什么，和鳄梨又是什么关系，在哪里可以买到。而现在，牛油果和苹果一样，再普通不过，不仅可以当水果吃，还可以拌沙拉、做成酱抹面包、搭配三明治、与烟熏三文鱼和鸡蛋一起烘烤……还有以前不常见的猫山王榴莲、泰国椰青、越南红心火龙果，这些现在都已经是家常果盘中健康美味的选择。洋蓟、甜菜根、白芦笋还有各种香草，这些之前被限定在西餐料理中的品种，这一两年也都可以在超市或者通过电商平台轻松买到。即使不喜欢吃甜菜根做的汤，也可以用它作为天然染色剂，去做几颗粉红魔鬼蛋款待小朋友，增加趣味。

食材的多样性带来的好处与新烹饪工具的介入一样，让人们对自己的日常餐饮脑洞大开，不仅让做菜变得有趣，也让人们的生活有了更多的选择。我们的餐桌上不再是传统中式厨房里爆炒一切的局面，而是根据食材特点大量增加了拌、煮、烤、生食的比例，既保证了营养，丰富了口味，又简化了烹饪过程。

可以说，饮食方式可以直接改变生活方式，知道得越多，尝试得越多，技能越多，便越可以掌控自己的餐桌。

还有一点是，一定要给自己建立可靠的供应系统，提高时间的含金量。我在前文中提到过这一点，这真的很重要，尤其是在饮食方面。

我们最缺的就是时间，最不能缺的就是一日三餐。当你像八爪鱼一样要同时搞定各种事情时，必然放弃生活中另一些事情。比如，每天去逛菜市场，感受人间烟火气。大多数时候，我们都是在繁忙的空隙盯着手机，在各种电商平台选择所需、扔进购物车、点击下单，一个小时内，新鲜的食材就被送到了家里。

这些年，我除了在几个固定的生鲜电商平台和超市买菜，也有很多自己的渠道，知道谁家的水果新鲜、谁家的蝴蝶酥脆香，更可以随时让菜市场的王牌商家闪送他们招牌的酱牛肉、辣椒油、刚采摘的食用鲜花和香草到家，这些一点一点积累的资源加在一起，就构成了"每天""从容""悠闲"的生活和迷人的餐桌。

饮食是可以改变一个人生活方式最直接的途径。一日三餐吃什么、怎么吃，让餐桌成了一个体现人们生活热情和创意的最佳舞台。时间、精力是影响我们餐桌精彩程度的重要因素，但也不是全部，我们总会在其中找到一些聪明又有趣的解决之道。

04

从一张
书桌开始

孩子上学后，我们搬了几次家，把郊区的大房子放置不顾，搬到学校附近租房住。这实际上也是我能选的最节能的做法，省去路途耗费的时间，大人和孩子各安其事。房子嘛，无所谓大小，只要一家人在一起，就是家。

我住过的几个家，居住条件各有千秋。每到一处，我先要考虑一件很重要的事——我的小书桌放在哪儿。对于一个写作的人，当然希望有自己独立的书房，但现实是学区内大房子稀缺，我早就没法做到关上书房门，不闻窗外事了。《创意写作大师课》的作者于尔根·沃尔夫在书中提到，写作者遇到的最大的挑战通常来自家庭的需要，很多知名男作家解决了这个问题，解决方法是变成了糟糕的丈夫和父亲，但对女性来说，要坚持匀出时间写作，却要付出很大的代价。

于是，我的书桌就安放在了客厅的一角。女儿小的时候，她就在客厅里玩耍，我做我的事，能随时回应她的需求。等她睡着了，还能时刻听着不远处她卧室里的动静。她读书上学了，就在客厅里和我背对背，一人一个桌子看书学习，有问题随时可以交流，这就是我们最好的状态。

渐渐地，我也接受了美国作家 E.B. 怀特的说法——他也在客厅写作，他说：一个等到有理想的环境才能写作的人到死也写不出一个字。哈哈，好吧，这真是说到我心坎里的最励志的话了。

我的书桌就是一张一米五长、半米宽的宜家小木桌，它的尺寸刚刚好，上面摆着我的台式电脑、最爱的罗技键盘、一盏木色台灯、一个小花瓶和一个透明笔筒。书桌对墙，墙上挂着几幅我收藏的画作，每当我抬头发呆，就会久久地凝视它们。墙的另一角——也是桌子的旁边，立着两个书柜，里面是最近看的书，随手可以拿到。这个小小的角落，有书香、花香，有柔和的灯光、噼里啪啦的打字声，还有脚下睡着的猫咪打呼噜的声音……这，就是我的天地。

和所有人一样，对于家，我也有自己完美的设想，对书房也是。但现实生活很难和设想重叠，往往是一地鸡毛，并没有给"完美"留一席之地。我们就是要应对这样、那样的变化，对花样迭出的问题妥协、退让，然后形成自己的轨迹。

生活以它的步伐前进着，从不会停止，如果只追求最理想的完美画面，容不得任何瑕疵，那这个目标的实现也许遥遥无期，中间折损掉的是对当下时光的珍惜和善待。在很多这样的"不完美"时刻，我选择顺应它的节奏，把大的理想拆解成一个个小部分，就像让自己的书桌好用、座椅舒服，再让目光所及之处渐渐符合心意。

从美化一个角落开始，从做好一件小事开始，日子最终不过就是由这些细枝末节组成的，一点点确立属于自己的安稳和美好，也是以最小的单位安顿好自己。

理想的生活并非一个宏大的幻景，而是一个存在于大世界和现实之间、属于个人的小世界。它可以是烹饪爱好者理想的厨房、写作者踏实的书桌、灯光温暖的阅读角落、洒满阳光的窗边餐桌……这个小宇宙的能量往往容易被人忽视，但在这里，我们可以沉浸于自己所专注的那部分生活和乐趣，而无视周遭人群的焦躁与疯狂；可以从不起眼的小事做起，去靠近我们向往的有情感的、知性的生活。当你相信自己有这份能力和勇气，也承认自己的不完美和脆弱时，这个渐进的过程就可以不急不缓，却充满支撑自己脚步的力量。

05

让
家
变
得
好
看

近十几年来，我都在同一家美发沙龙剪发。除了喜欢店主 F 先生的手艺和店里简单明快的服务风格，我还特别欣赏他的空间设计品位。他的美发沙龙明亮简约，细节中又不乏生动和贴心的设计。我差不多一个月去一次，每次去都会发现一点点不同，也许是换了一盏灯或墙上的一幅画，也许是添了一些新的植物，做了新的花艺布置，或者更换了一些小件的家具摆设……最神奇的是，不管他如何更新变换，整体风格一直持续稳定，空间没有随着时间的推移而变得拥挤或杂乱，一切井井有条，于细微之中，让留心的人发现惊喜。

这其实也是我对家居布置的期待。看了太多激动人心的"爆改"

节目，把一个家如何从老破小变得摩登现代，如何用最少的预算让一个房子改头换面，似乎它的主人也就此迎来了新生……这些节目和案例的戏剧性强于实用性，生活中很少有大动干戈的机会。我们不可能全盘否定和改变过去的生活方式，也缺少"爆改"一切的大笔预算，人们需要的常态反而是不断用一些小的改变让家、让生活持续产生新鲜感，让生活方式随着家居环境的改变做出新的尝试，越发优化，达到理想状态。

说到底，要"爆改"的其实是我们的思路。

此前很多年，我的家也是我的试验场。从一个房子到另一个房子，从租来的住所到自己的家，每个空间都随着时光的推移发生着细微的改变，在众多尝试中，确实有很多"小变化"能让生活状态持续绽放新的面貌，就比如以下这些方面。

用很多灯替代一盏主灯

还记得小时候陪爸妈逛遍商店，只为了给家里找一盏客厅正中央的灯。很多家庭一直持续着这种观念：一个大吊灯或吸顶灯承担了整个空间的照明和装饰功能，是居室内重要的"大件"。

其实，这种呆板的做法正渐渐被取代，单一主灯源会让空间显得单调无趣，没有温馨的感觉，更缺少充满变化的氛围。

在瑞典游访的几年间，我对瑞典人家里的灯印象深刻。北欧人受极昼、极夜的影响，对光线格外敏感，家家户户的灯光布局都非常丰富且巧妙，这些小小的灯饰增强了人们生活中的幸福感和对家的依赖。

在瑞典家庭的房间中，多光源设计是普遍采用的方式。台灯、落地灯、壁灯、吊灯，通过不同的灯光营造室内氛围和层次。而且，这些造型设计多样的灯具本身也是非常好的室内装饰物。冬天，家家户户的窗台上摆放的电子烛台、小灯串儿和造型各异的节日纸灯装饰给寒冬增添了无限色彩，更让冬夜街头行走的人感受到一份温暖和安慰。

用长桌代替沙发

客厅里一定要有一组沙发吗？答案当然是否定的。

这也是我在装修自己的房子时重要的设计思路之一——用桌子

代替沙发，围坐桌旁，一样可以会客，很时髦，而且让客厅显得更知性。

实际上，并不是每家人都习惯围一圈躺在沙发上看电视，也并不是每个家都需要摆放沙发迎接宾客。根据自己的生活方式，换一种思路，没准就能释放有限的空间。就比如用长桌代替沙发，让客厅的功能更多，除了会客，还可以用餐、聊天、读书和写字。

增加一块地毯

地毯也是家庭氛围组的重要一员。冷冰冰的客厅，因为地毯，变得温暖。很多时候，房间里的家具之间显得没有关联，门厅显得沉闷乏味或本该迷人的角落缺少一点儿感觉，都是因为少一块地毯。

国人对地毯的纠结总在不好清洁上，其实，现代的高科技吸尘器早就消除了这个担忧。而且，当家里铺了地毯，你的生活方式也会变得更仔细干净，不信就试试吧！它能让房间立刻变得不同。

增加一棵大型绿植

白墙、木地板是一个空间最好的打底，而绿植就是迅速改变居室面貌的秘密武器。

现在很多城市都有专门的植物店和专业植物设计师。大型室内植物的装饰效果非常强，也能为空间营造更好的自然氛围，配上简约大气的花盆，可能只用相当于一件家具一半的价格，就能呈现加倍的效果。

换不一样的窗帘

难倒你不觉得在算窗帘面料时，那种多褶皱的大欧式窗帘和多层复杂的欧式大帘头、帘边儿让心头滴血吗？关键是，那些古老的、奢华的、效果黯淡的窗帘通常又费钱又老气！

多翻翻家居杂志，窗帘和灯具一样，也是现代家居革命性的设计元素。明亮简洁的窗帘不仅是省钱那么简单，还有可能让空间一下格调清新、明亮起来，整个家都会随之清爽、时髦又充满活力。

可以根据季节更换不同材质和颜色的窗帘，白色、薄荷绿或竹质的卷帘都让夏天的味道发挥到极致，天鹅绒、条绒、墨绿、橘色和姜黄色让秋冬更有味道。有一些小事就是这样，花费不多，却收获巨大。

阅读空间

所有爱书的人都有一个梦想，就是拥有一屋子的好书。有人觉得这个梦想实现的前提是要有一座大房子，其实不然，真正爱书的人需要的只是一个读书的角落。

在郊区我自己的房子里，有一面完整的书墙，同时也有分散在室内各个地方的小书架，方便阅读，让阅读融入生活。而在租住的学区房里，面积有限，小书架更灵活、方便，让大人、孩子各自的书在自己最方便拿到的地方。

从读书中找到求知的乐趣、独处的乐趣，拥有超脱于物质快感的精神快乐，以及和人交流的深度话题，不仅是家居布置的亮点，更是增加生活质感和幸福度的最佳方式。

艺术品收藏

艺术品收藏也是我去探访瑞典家庭住宅时印象深刻的一点。瑞典人的穿着通常都非常朴素——羽绒服、冲锋衣、T恤，牛仔裤，很少看到名牌服饰或最新款的苹果手机出现在他们身上。但在他们家里，很可能一盏灯、一幅画、一把座椅都是不得了的大设计师或艺术家的作品。我们通常在博物馆里看到的雕塑、装置作品也会在寻常的人家出现，让人不得不感叹，在艺术文化的鉴赏与收藏方面，欧洲民众确实有着不一样的基础和底蕴。

这些年，随着艺术教育和文化的发展，国内很多中产家庭也进入了艺术品收藏的行列。当然他们不会像新贵阶层一样去买动辄百万元的艺术品，但在能力范围内选择自己心仪的艺术作品作为装饰和收藏越来越普遍。

我收藏的油画、水彩画、版画、摄影作品都不算昂贵，但每一幅都是心头所爱。无论空间大小，只要有喜欢的作品挂在墙上、摆在案头，就像新鲜的空气，每一次凝望都是一次深呼吸，让生活充满新奇的想象。

不管是一座大宅，还是一间公寓，能称之为"家"，必不可少的是让置身其中的人有"被治愈"的温暖感受和无限自由与光彩。让家变得好看并不是一朝一夕就可以做到完美的事，不断感受、调整、打造，让家住出主人的味道、跟随主人一起成长和改变，它就可以一直是这纷繁人世间一处散发着光芒的避风港。

第五章

躲避消极的
完美主义

看得惯瑕疵，容得下缺憾

我喜欢水彩画，尤其对写生着迷。看到那些在风景优美的地方支起画架安静画画的画家，就心生崇拜，也渴望拥有画满旅途风景的手账本。然而，我虽从小学画，年轻时却从没有写过生。为什么？怕自己画不好，怕丢脸。"默默在家临摹，等画得完美了，再出去写生，让所有人为我惊艳。"这是我一直以来隐藏的内心戏。

七八年前，我和先生在郊区买了一栋房子，请了设计师装修，开始畅想崭新的完美生活。房子装修竣工后，我们却迟迟没有入住。各种想象中的画面在脑海里打架，看到的家具每一样都不够完美，更不敢邀请朋友来新家做客……就这样，拖啊拖，几年过去了。一次设计师问我住得如何，惊讶地发现新家还未正式启用，他说，负责您这装修的一个工程师接项目时刚结婚，现在孩子都会走路了，您怎么还没住进去呢……

类似的故事在我身上太多了。以前我会把这笑称为"我是摩羯座、A 型血、完美主义者"，但渐渐发现，在所谓完美主义的掩盖下，我错过了很多真实的生活，原本早就可以感受到的快乐，迟迟没有体会到。"完美的那一刻"也并不会到来，错过的东西却是真真实实地错过了。

一直以来，追求完美被视为一种美德，是对自己高要求的表现，但在追求完美的过程中，很容易从对卓越的渴望变成对"不够好""不完美"的焦虑。我在运营置爱女性社群的过程中也发现，很多女性已经很优秀，却依然被不够美、不够瘦、读书不够多、工作不够好、孩子不够出色、人生不够成功等困扰，心理学家把这称为"消极的完美主义"。反观我自己又何尝不是呢，我所谓的完美主义不过是目标过高、自信过低、太在乎别人的评价而已。这些混合在一起，再加上"完美主义"的糖衣包裹，渐渐成了心安理得的拖延症、焦虑症和强迫症的混合体。

然而，本来就不存在完美的生活。

一棵怒放的花树上，有无数被虫食的花朵和即将凋落的树叶，一块良田还分收成的大年小年，太阳和月亮也有阴晴圆缺，人世间的好与坏不过是人们持不同立场的偏见。如果我们无法让自己安于平凡，在追求更高目标时只看重结果，不能认识到"完美"是获得幸福的障碍，拒绝承认残缺同样是一种美，那就会越来越容易陷入挫败和焦虑，无法自拔。

渐渐地，我也可以坐在绿树、花朵环绕的花园里展开一张画纸，用肆意的笔触去描绘眼前的景象。因为老师告诉我，画画，首先是满足自己，以自己喜欢的方式去画，不要在意那些所谓的"规则""基础""手法"，画的过程才是通往精进的路。

是的，一定要不断地原谅自己，没有一幅画是完美的，完成比完美更值得追求。面对有遗憾的作品，最好的做法是签名，然后画下一张。就这么简单。

有了这个开始，才有了后面的故事。几年过去了，我的写生作品也可以参加在798艺术区举办的水彩写生展，并被藏家收藏。没有迈出的第一步，就没有这一切的发生。

我那不太新的"新家"，也终于迎来了一批又一批的客人。虽然家具依然不够完美，很多地方永远没有收拾妥当，太多幻想只在心里，这个家、那些家宴却是真实存在的。那些美好的记忆与完美无关，却是完整的，终于与生活的很多乐趣联系在了一起。

当然，还有我的写作、我的课程、我的生活，一切都在不完美中一点点前行。当我能拨开意念中那些并不存在的别人审视自己的目光，能把缺陷和不完美视作一种成长的机会时，也就放弃了对自我的过度挑剔，更加珍惜自己所拥有的一切。最终我也真正懂得了即使做不到完美，依然可以获得精彩；即使在这件事上做不到出众，也依然可以在那件事上获得成功……

生活可爱，不必完美。看得惯瑕疵，容得下缺憾，才是真正的享受生命。

02

女人，请放生自己

我的朋友、瑞典餐桌布置艺术家凯瑟琳娜在一次聊天中偶然提到，她对自己曾经放弃一手打造的童装品牌后悔不已。她在年轻时，白手起家创办了一个童装品牌，在毫无服装设计教育背景和经验的情况下，她仍将这家公司经营得非常成功，还曾获得皇室童装设计最高荣誉，她设计的连体服被瑞典皇室御用多年。但在第二个女儿出生后，她觉得精力有限，已经无法同时顾及家庭和事业，最终彻底放弃这一品牌，随丈夫搬去异国他乡，全心照顾家庭和孩子。

这个决定当初讲出来是大家都拍手称赞的，多么伟大、多么潇洒！实际上，这却让她在若干年后感到无比失落。其实，当时还有很多方法可以化解事业和家庭之间存在的矛盾，她这样说，比如最简单的，请一个职业经理人，或请家人分担一部分育儿压力。

其实，我很懂女性为什么会在某个时刻做出这样坚决的抉择。有时候，只是被某种社会长期赋予的观念控制：对女性来说，照顾家庭、做好母亲才是最重要的事，以及女性通常不能够或不愿意真正面对自己内在的能量和渴求。

这样的故事在我们身边还有很多，多年来，女性一直寻求工作与生活的平衡，但不得不承认这就是一件顾此失彼、永远无法平衡的事。通过放弃一些东西，人可以获得自由，但如果放弃的不是真正希望舍弃的，又会造成极大的痛苦。这是一个很难两全的问题，解决之道可能只有冷静、冷静再冷静，认真且毫不羞愧地面对自己的欲望，别以别人的标准绑架自己，并给自己一个相对缓和的过程、长一点儿的时间做决定。

当代女性比任何一个时代都更独立、要强，但同时也承受着更多的压力。在生活中，我们要面对的选择总是很多，尤其是在权衡家庭、育儿、职业及自我需求的过程中。这时，飘荡在眼前的又是媒体上宣扬的"拥有一切的完美女性"的形象：她们长得美，还很会赚钱，她们有幸福的家庭和婚姻，还至少有两个孩子，她们能让所有人满意，她们自己积极进取有着辉煌的成就，孩子也又乖巧又漂亮，还都考上了名校……

在看格蕾塔·葛韦格执导的电影《芭比》时，有这样一句台词逗乐了全场女性，那真是一种戳中心底痛处的笑声。

你必须喜欢当妈妈，

但不能整天把孩子挂在嘴边，

你要有自己的事业，

但同时你得把身边的人照顾得无微不至。

其实每个人心里都明白，我们竭力扮演的"完美"只是一个假象。被《时代周刊》评为全球最具影响力的人物之一的谢丽尔·桑德伯格在《向前一步》一书中承认，即使自己规划得再好，也不能完全准备好去应对为人父母带来的各种挑战。她甚至讲了一件让自己极度尴尬的事，一次她带着孩子们乘坐专机出差去参加商业会议，同行的还有硅谷的其他高管。在航班上，她女儿忽然开始挠自己的头，大声叫嚷："妈妈，我的头痒！"桑德伯格检查她的头皮，居然发现了头虱。"这架商务机里就我带着孩子，而现在我女儿有头虱。"桑德伯格说，那一晚她没去参加会议的开场晚宴，而是在房间里给女儿和她哥哥洗头。有人问起时，她回答说孩子们太累了。说实话，她自己也很累。

心理学家詹妮弗·斯图尔特（Jeniffer Stuart）调查研究了部分耶鲁大学女性毕业生工作后的生活状况，得出结论说，对于这样的女性，"既要忙事业又要做母亲，尤其容易导致焦虑和压力。因为她们对工作和家庭都有完美主义倾向，所以面临的风险非常高。而且一旦达不到理想状态，她们很可能会彻底地往后退——从职场完全回到家庭，或是截然相反"。

"既要，又要，还要"是女性遭遇的最大陷阱，而且越是优秀的女性，越会因达不到完美标准而焦虑。其实，我们每个人都对自己进行过各种各样匪夷所思的折磨，这种自我折磨和消耗往往在不知不觉中将自己推到无法挽回的境地。给自己松松绑，先放生自己吧，要知道，我们不可能拥有一切，要敢于把"我做不到"大声说出口。

是的，我做不到靠自己的力量就把家里的一切都打理得井井有条，也做不到在养育孩子的过程中一切亲力亲为。我需要请人代劳家务和杂务，部分时间请人照顾孩子，经常选择点外卖……我不会因为有声音说"这样你会丧失自己的生活"而感到羞愧，接纳有所不能的自己，才能得到更好的帮助。

我也做不到处处满分，只有五六十分不也很好吗？我会经常告诉自己，缺席几次孩子的活动也没关系，亲情不会在此刻瞬间坍塌，坦诚地告诉孩子理由，大人为什么不能请求原谅？疲惫不堪时不能陪伴孩子又怎样？难道正常的亲人关系不是可以互相关爱的吗？偶尔发脾气也不用内疚自责，管理情绪不是消灭情绪，而是通过不同的情绪看到其中传达的信息，更了解自己，从而学会更好地处理情绪……

真的，原谅自己吧！原谅我们都有的脆弱、暴躁、焦虑和抑郁。给自己内心释放的机会，因为疯狂是自己的感受，别人无法理解，也无须理解。我需要对自己的生活负责，并想出解决之道。

多留一些时间关心自己的情绪吧！给自己找很多种舒缓的方法，不管是聊天、倾诉、散步、旅行，还是购物、娱乐，或像我一样，去画画，去学一种让人沉浸痴迷的东西，找一个爱好作为舒缓，找一群可以"为所欲为"的朋友，这些都可以是自己情绪的救赎。

不希望有一天，别人怜悯地说：亲爱的，我们无法猜测你承受着多大的压力和痛苦……自己的压力和痛苦，没有人能代替我们去体会，还是多给自己一些机会，放生自我吧!

忽
略
的
艺
术

03

在一次生活艺术沙龙上，一位女士问了我一个问题，她说，每天工作上有无数琐碎的事情要面对，回家光辅导孩子功课就已经精疲力竭，还有个"甩手"老公——什么也帮不上，自己脾气越来越差，也觉得这样不好，可是怎么改变呢？

短短三五句话，描述的其实是很多女性的生活状态。她的问题中虽然有"工作的烦琐""带孩子的辛苦""对伴侣的不满"，最后却落在希望控制自己的情绪上，真让我心疼了她几秒，放过自己、省着用自己才是王道。

这也让我脑海里冒出一个词——"忽略的艺术"。

在学画时，观察由简到繁，再由繁入简。从简单的模仿到根据自己的经验和创作意图进行简化，这是忽略的艺术。而对待生活，控制情绪其实也是个逐渐学会"忽略"的过程。

比如面对琐事，有两个解决方式，其一是"甩锅"给别人。

不管你是找助手、找保姆、调动老公和家人帮助，还是更多地选择外包服务、半成品，现在有太多可提供生活便利的服务，降低我们的工作量和家务强度。我手机里有一个 App 分组，就叫"生活外援"，送外卖的、送药的、挂号陪诊的、健身按摩的、订花订菜的……应有尽有。总之，先要想尽办法找人分担日常的琐事。

你可能说，但这只是最小的一部分事情啊！再说，别人也未必能做好。那好，其二是忽略它。世上无难事，只要肯忽略。

安静下来好好想想，就会发现很多执着的事情不仅不能产生价值，连正面情绪价值都不能提供，让你不禁摊手问自己：我这是为什么啊?！就比如事事追求完美，处处要求满分和高标准，以这样的态度对待生活，无疑是把自己往死路里逼。抓重点而忽略一般性事物，承认自己的平凡和普通，承认生活就是由一堆问题组成的，忽略一些事情，同时降低标准，很多事做到及格就好。即使不及格，只要心安理得，也一样可以泰然面对。毕竟，我们早就过了时刻被人盯着打分的年纪，自己的生活，自己评判。

人的精力和内存都很有限，要经常给自己腾出空间，才能高速运转。要时常对自己说"我不是女超人""我做不到""管不了那么多了""这和我有关系吗""其实还好""休息，先休息一会儿吧"……

忽略那些消耗我们的事情，不去计较和关注与自己无关的事，学会划定自己的能力范围。不仅对不喜欢的事说"不"，也要对一些喜欢但不重要的事说"不"……总之，省心就是省着用自己。

还记得女儿上小学后，我第一次出差，各种放心不下，给父女俩写了长长的清单：每天读书打卡、每天100道口算题、每天练钢琴、每天……

出门第一晚，读书打卡视频发来了，钢琴也练得不错，数学只字未提……我也假装遗忘；第二天晚上，看读书所坐的椅子不是家里呀？哦，爷儿俩去郊区住酒店欢度周末了，吃大餐，买礼物，玩到半夜。

并不完美，但也超出预期。父女俩开开心心过了一周，功课只达到合格线，但兴趣班并没有落下；家里乱七八糟，脏衣服成堆，但地球依然美好地转动着。大大赞扬后，我也想明白了两点。

第一，我家的爸爸可能代表了一大类妈妈眼中的爸爸，他们有责任心，也乐于参与家务事，但在孩子的教育和很多事上又总显得那么被动。当你指责他，他觉得委屈："我不知道要做啊！你没说让我做啊！"

不得不承认，两性的思维方式不同，他们不可能完全了解妈妈们的心思，但他们也未必就是真不想去当一个尽职的父亲和丈夫。他们不知道从何下手，妈妈们又普遍太勤快，爱大包大揽……

但如果明确交代任务，完成后给予赞美和鼓励，效果就大不同。与其每天狂吼"你从来不管孩子""你永远不顾家"这类发泄情绪的话，不如平静且明确地告诉他："今天你负责陪孩子做一个单元的复习和练习。""今天你要带他下楼跳绳3分钟、跑步

1 000 米。"明明白白地提出要求，哪怕只是一件很小的事。

第二，当妈的千万别给自己"加戏"。"苦情妈妈"这个角色一点儿也不好玩，感动自己毫无意义。偶尔"消失"一下，让爸爸单独带带孩子，日常推卸多一些责任给他，孩子一样活蹦乱跳，生活依然顺利。即使"猪队友"给你些"惊喜"，也不要那么在意，多看看"做到的"，而非那些"没做到的"。给对方充分的表扬和肯定，也是给自己奖励。

这其实就是生活中忽略的艺术，忽略那些可有可无的事，忽略结果是否完美，忽略"一切都是自己的责任"这种思想的绑架，这是让生活变得顺畅的方式，也是梳理、释放情绪最好的办法。

当你有意识地减少烦扰自己的事情时，你真的会发现，很多事情压根儿就是多余的。可以试试看，每天让自己特意绕开一个麻烦、减少一件事，也可以在生气的时候"按住自己"一次，不发飙，而是提明确的要求——做到这些就奖励自己一个小礼物，渐渐就能感受到"心大"也是可以训练出来的。

生活就像打磨原石，是个不断做减法的过程，摒弃、忽略多余的、无用的部分，让值得珍惜的每一天都有机会闪闪发光。

04

没有完美的
情绪管理

"你从来不会和女儿发脾气吧？"

"什么，你也会发火吗？"

"感觉你是情绪管理得特别好的人呀……"

哎，是个活人就会有喜怒哀乐，我又怎么会不发脾气呢？现在，人们经常把"情绪管理"挂在嘴边，似乎经过管理的情绪就会格外"丝滑"，可以只有正面，没有负面，时时刻刻都能完美控制自己，遇到什么样的难题都不急不躁、平静面对……这实际上是一种误解，管理情绪并非消灭情绪或压制情绪，而是学会和各式各样的情绪共处，更好地驾驭、疏导情绪，得到安抚和排解。

情绪是人在对外界的各种认知和意识下产生的态度和反应，情绪稳定的人并非没脾气，而是能从自己的各种情绪中接收信息，了解自己的状态，更好地达到内在整理和自洽。

愤怒意味着不满，焦虑则表示担忧，迷茫往往是没找到眼下要做的具体是什么……每种情绪其实都有自己明确的症结。当情绪来袭，压制、漠视、绕行并不会让它们消失，盲目地扩大问题、胡思乱想更是糟糕，"打鸡血"对自己大喊"不能再想啦""不许生气啊"更无济于事，那么怎么办呢？

首先是把问题和情绪分开，想想该怎么做。

就比如对孩子发火这件事，每一场大火都有一个致命的燃点。先找到这个燃点：功课没按时完成？东西乱放？玩手机的时间太长？

就事论事，先找到矛盾点在哪里。善于管理情绪的父母会指出问题，并明确提出改正要求。当然，这个过程是平静陈述，还是声音大一点儿、语气重一点儿都不是关键，关键是怕机枪扫射一样无目的地乱打："我为了给他报课花了好多钱，他怎么不感恩""白眼狼，没良心""我辛辛苦苦为了谁"……只是乱扔了一双袜子、多玩了十分钟手机，这样一来，想这想那就会对整个人生产生怀疑。

与其去想"我为什么要生这个孩子"，还不如多问问自己"我的目的是要解决什么问题""我要什么样的结果"，清楚自己在为什么生气，才能管理好情绪。

缓解情绪的另一个有效方法是"替换"。

我们常开玩笑说"气得我得买点儿贵的"，这其实也是一种行为替换情绪的做法。不开心的时候，换换心情，换个环境，不管是购物、旅行、约朋友见面，还是离开让你郁闷的地方出去走走，替换掉坏情绪的"能量场"，做点儿让自己高兴的事转移注意力，可以有效地转换心情。

用一些积极的言语安慰自己也很管用。我就有两把万能的金钥匙——"没必要"和"不至于"。无论线上面对网友，还是线下面对真人，不同的意见、听着或看着别扭的言行、遇到的"奇葩"事件，这两把钥匙基本都能化解。每个人表现出来的一切都基于各自的生活背景，我们彼此的情感、意见不会相通，但大多数时候也值得宽容。"没必要""不至于"，能过去的就忽略掉，遇到忍受不了的就默默走开、"拉黑"、不再有交集，如此而已。

此外，很多人用听音乐、做有氧运动、静坐冥想来转换心情，这些都是很好的方式。没有完美的情绪，只有各自的独门秘籍。于我而言，这秘籍是以书写的方式疗愈心情。

具体来说，就是把自己内心难以言喻的苦楚、焦虑、恐惧、困境试着用文字写下来，这是一种面对和梳理。情绪脑和理性脑被打通、理顺，文字从笔尖流淌出来再次回射到头脑中，这是改写编辑情绪记忆的过程。

在纪录片《施图茨的疗愈之道》中，心理医生菲尔·施图茨提出一个关键的疗愈自我的"生命力金字塔"模型：最底层是"你和你身体的关系"，包括通过运动、饮食和睡眠让自己的身体更好地运行；中间层是"人际关系"，当一个人抑郁时，人际关系就像攀岩时用的岩钉、把手，把你重新拉回到生活中；顶层是"你和自己的关系"，即你必须和自己的潜意识建立关系，而其中的诀窍就是写作。施图茨说："这是件非常神奇的事，写作能够增进你与自己的关系。如果你开始写，文字就像一面镜子，它会反映你的无意识里发生的事；如果你天天写，那些你不知道自己知道的事就会一一浮现。"

的确如此，在我的"自由灵魂书写计划"课程上，很多学员写下了淤积在内心深处很多年的往事，有的是童年不幸福的回忆，有的是婚姻中的伤痛，有的是职场不为人知的秘密……提起笔去写，就是去认真凝视这份记忆，在措辞、理顺、寻找逻辑的过程中，也许你会发现以前没有察觉的东西，那种引起你悲伤或疼痛的记忆会一点点生出新的内容和思考。心理学家阿尔弗雷德·阿德勒的一个重要观点就是："决定我们自身的不是过去的经历，而是我们自己赋予经历的意义。"这种赋予经历的意义实际上就是在书写的过程中再次由我们主动构建的。

这世上没有完美的人和完美的人生，任何人都会有陷入愤怒、悲伤、恐惧、厌恶、焦虑的时刻，不要惧怕情绪，更不要回避它，而是要学会接受情绪，和它们共处。努力从增强自己的生命力入手，建立良好的身体机制、和谐的人际关系，并与自己的内在建立联系。当情绪来临时，选择最适合自己的方式与心灵进行交流，有的放矢，驾驭情绪，自我分析，自我疗愈，这也是我们每个人成长的必经之路。

05

朋
友
圈
和
滤
镜

打开朋友圈，手指往下随意滑动，看到一个朋友带着孩子正在维也纳参加音乐夏令营，一个在美国参观常春藤盟校，一个在瑞典接受大自然的熏陶……此时正值暑假，想想自己还没出京，每天写作之余就只是陪着孩子做作业、上课外班、跑步、游泳，一种强烈的失败感袭来。

朋友圈里都是让人向往的生活：每日每夜都有人在品尝米其林三星的饕餮、星厨们的私宴，参加高大上的时尚活动，和明星名流平起平坐；住所那么宽敞漂亮，而且永远干净整洁、鲜花环绕；孩子得奖无数，高中毕业就考进了斯坦福大学，还有9岁就入围德国达姆施塔特国际肖邦比赛，7岁就考进了海淀名校小早培班的……还有那些美丽的面孔，不管是 30 岁、40 岁还是五六十岁，面若桃李、皮肤紧致细腻且有光泽、身材线条凹凸有致，一切无不显示出四个字——精致人生。

当然，我知道，人们都是选择最高光的人生部分发朋友圈，照片上的效果也是层层滤镜和修图软件的功劳。我发照片前一样会修掉眼袋、黑眼圈，会把腿部稍稍拉长，腰部往里收；镜头对准桌面上成套的皇家哥本哈根瓷器和鲜花点心时，一样会避开旁边堆积的杂物；那些沙龙活动照片记录着一个个精美、欢乐的瞬间，但背后为甲方提案反复做 PPT 的日子、现场盯细节的过程都不会被拍到……是啊，对于做平面媒体出身的人，我当然了解完美贴合的礼服转过身来也许别着一排丑陋的别针固定腰身，懂得后期修图的重要，甚至比别人更会拍照、修图，更懂文字措辞的艺术……但知道谜底也并没有让我更好过一些，镜中的皱纹和白发、面对生活的一地鸡毛都让我发出一声哀叹：能活在滤镜的世界里多好啊，永远歌舞升平，永远鲜衣怒马。每个人都有自己用心营造的完美世界和滤镜人生，这片刻的欢愉和满足真是一颗糖，让人在辛苦的生活中得到一点点慰藉。

但这种安慰又显得那么有限和脆弱，就像不断超量服用抗生素的人体最后却变得不堪一击。我们对自己的外貌越来越不满意，对缺乏光彩的普通人生越发自卑，自己及孩子、爱人总被比得浑身瑕疵，没什么值得发朋友圈的，更没什么在摘掉滤镜后还有观赏价值的，一切美好都像一个越来越大的肥皂泡，疯狂转动着迷人的光彩，但瞬间就会破灭。

早在 20 世纪 50 年代，美国社会学家欧文·戈夫曼就写了一本《日常生活中的自我呈现》，他把世界称为"大舞台"，把个体比作演员，用印象管理、前台、后台、剧班、角色扮演等一系列戏剧表演的概念来分析种种舞台表演行为。如今的社交媒体时代，更进一步把这种表演推向了疯狂的极致，网络给每个人更多的舞台，我们以花样迭出的方式在他人心中塑造自己的形象。滤镜是经过迭代的舞台效果，朋友圈被分组的朋友就是被细分的观众，这一切一起配合着将日常生活这场戏推向高潮，彼此感动。

探索女性中年危机的美国作家艾达·卡尔霍恩同样提到过困扰人们的"赢在社交媒体"的游戏，她说："维持表面形象是很累的，一直炫耀也会疏远他人。不仅如此，在社交媒体上用短短几句话记录自己的生活，或许还有另一个更具破坏性的缺点：我们无法由此思考生活中更宏大的脉络。"她也给困于这种亦真亦假的表演的人提出了建议："永远不要把自己真正的生活和其他人表面上的生活进行对比。"她说出了这个疯狂游戏的真相："我向你保证，一定有人会认为你的生活很完美，他们不了解你的难处。"

是啊，生活从来不会完美，更没有真正值得艳羡的完美人生。每个人在前台表演的同时，都默默藏起了后台的疲惫、挣扎、艰辛、厌倦和无奈，灯光亮起的一刻，又迅速切换了另一副面孔款款登台。这就是人生。

看清这种台前幕后的真实性很有必要，这样既不会为别人朋友圈中的美妙生活、勤奋优秀而自惭形秽，也不会因自己的平淡无奇而哀怨自责。一切只是一场大型真人秀，是生活的调剂。当我们不再把自己真正的生活和其他人表面上的生活进行对比时，也就不会再被他人的表演效果迷惑，更能分清自己的台前与幕后，这两者都是生活，都是自我，不必为后台的自己感到羞愧，也不要因沉浸于台前的表演而忘情。

台前幕后都是人生的一部分，后台的我们不加修饰，更接近真实，但舞台上的表演也是一种由内而外的自我呈现，并不能简单粗暴地将其视为虚伪。

戈夫曼在书中也写道，人是在表演中才成为人的。"如果我们从未试过更好地表现我们自己，我们怎么能改善自己或是由表及里地培养自己呢？"这话的意思是，向世界展示我们更好的或理想的一面是一种人类皆有的普遍冲动，人们更愿意体现那些在社会中被普遍认可的价值，就像爱读书、优雅、富裕、仁慈、聪慧……那些我们努力表现的角色，就是想要成为的自己。

朋友圈和滤镜都是现代生活中的一部分，它们制造着完美的梦幻，也时刻对比着现实生活。生活就是生活，在真实世界中，手握着游戏操纵杆的人必须是我们自己，享受这个时代赋予的舞台上璀璨的欢愉，亦不会沉迷其中入戏过深。脚踏实地感受真实世界做人、做事、生活、社交的原貌，或许是现代人必要的修行。

06

把缺点
活成特点

2023 年德国版《VOGUE》7/8 月合刊的封面女郎是已经 79 岁的美国演员、超模劳伦·赫顿（Lauren Hutton）。在亮橙色的封面上，她身着一件浅粉色的皮质外套，左臂高高举起，右臂护在胸前，像一尊自由女神像。她露齿而笑，招牌的宽牙缝一目了然，皮肤上遍布的每一道皱纹里都写着她的传奇与魅力。劳伦的这条牙缝从"消失"到"重现"，见证了她半个多世纪的模特生涯，更向世人展示了如何把一个缺点活成自己的特点的精彩人生。

1964 年，年轻的劳伦到纽约闯荡，她容貌出众，但就是那条过于明显的牙缝让她屡屡被拒。当时只有一家模特公司愿意签她，前提是需要修补牙缝。劳伦没有同意，她只是用蜡来遮盖，或选择闭着嘴，不露出牙齿。我看过劳伦在 20 世纪 60 年代《VOGUE》的所有封面照，那时的她都是笑不露齿。

在她之后，有很多如出一辙的故事。生于 20 世纪 70 年代的演员、香奈儿的缪斯及音乐制作人卡洛琳·德·玛格丽特（Caroline de Maigret）曾谈起自己早年当模特的经历。她有一个大鼻子，还是平胸。人们就会让她去整一整鼻子，再去做个隆胸。她说"不"。

"We're not that perfect and it's okay."（我们都不完美，但这没什么大不了的。）

在劳伦和卡洛琳身上，都有着一种无所畏惧的摇滚精神。在无畏和漫不经心间，她们专注于做真正的自己。这种坚持也最终让她们成为自己。

劳伦笑不露齿地度过了她的 60 年代，因为她的美貌与才华，在模特这条路上可以说顺风顺水，她不仅受到《VOGUE》的青睐，更迅速成为美国乃至全球最出名、身价最高的模特。到了 70 年代初，她在封面上的笑容比刚出道时更加自信张扬，但杂志社编辑依然会修掉她的牙缝，让她的牙齿洁白整齐。那条"消失的宽牙缝"是那个时代对女性的束缚和期待，得体的、中规中矩的优雅女性依然是主流的审美。

随着女性主义第二浪潮的来袭，劳伦不再遮遮掩掩，她开口大笑。在 1968 年拍摄的香奈儿广告中，自信的笑容和那条宽牙缝一起被展示在世人面前，充分还原了她真实的样貌。

"如果别人说你必须为成名做这做那，就随时准备离开。"这是劳伦给后辈们的建议，也是她一生坚持的自我主张。

这种坚持让劳伦不仅成为当时模特界史上最高薪资的模特，作为演员也风生水起。后来她还创立了自己的美妆品牌，为 45 岁以上女性的美代言。她的宽牙缝再也不会被杂志社编辑修掉，它不再是需要遮盖的缺点，而成了她最大的特点。79 岁的劳伦·赫顿在 2023 年是第 41 次给《VOGUE》杂志拍封面了，相信后面还会有很多次，因为她说要做模特到 100 岁，要展现不同年龄的美来证明自己对世界的贡献。

这样的故事在时尚圈屡见不鲜，或许是因为美貌在这个领域并非稀缺资源，能打动人心的独特性才是。其实，无论是我们的容貌、身材，还是我们的人生，都不乏瑕疵，这世间从来就没有完美这回事儿。放大一个缺点，也许就成了自身的特点，变成优势所在。在各个领域都是如此。

作家村上春树是个沉默寡言的人，他承认，对他来说，接电话是苦差一桩，在派对上跟别人交谈也是弱项，接受采访同样令他心力交瘁，甚至连回封邮件都觉得疲惫不堪。拥有这样的性格，他并没有觉得需要提升自我去克服，而是回绝了所有对谈、书信往来类的工作。他说："哪怕话说得不透彻，招致周围人的误解（这种事屡屡发生），也照样坦然自若：没办法，人生就是这么回事儿……"

这样的村上春树不但不惹人反感，反而让人觉得很可爱。这也许就是社会心理学家埃利奥特·阿伦森（Elliot Aronson）的实验所证实的：人们喜欢有能力且小有瑕疵的人，一些微不足道的失误不仅不会影响大家对他的好感，反而会从心理上更容易接受。而且，也许正是这样的性格问题，让村上春树从开爵士乐吧的服务业从业者转为小说家——很多与生俱来的缺点也许恰恰是在为我们指明道路。接受这份暗示，或许能得到不一样的人生。

生而为人，总有这样那样的缺点，所以当下最热门的话题之一是无所不能且完美的人工智能会不会取代人类？作家余华同样被问到：作家会不会被人工智能取代呢？

余华说，类似 ChatGPT 的人工智能写作可以"写出中庸的小说，但写不出个性的小说"，只能是"完美且中庸"。文学作品都是优点和缺点并存，丧失了缺点，也就丧失了优点。他说自己在创作中，甚至前后人名不一致也曾出现过。人脑总会犯错误，用人脑写作的"伟大的文学作品都有败笔"，但这也是人脑最可贵之处。

是啊，宽牙缝、平胸、大鼻子、有皱纹，又如何呢？你消灭的每一个缺点对应的都有可能是一种特点。不爱与人交往、性格孤僻又怎样呢？村上春树在文章中也送出祝福："不爱说话的人啊，请努力生活。我在背后无言地声援你。"工业化社会、人工智能、高科技医美早就让标准和一致性成为可能，但差异和个性是时尚之所以成为时尚、艺术之所以成为艺术、人之所以称之为人的关键。请努力把自己的缺点活成特点吧，让所有的不合理和意外都成为魅力所在。

第六章

优雅是一辈子的事

谁
的
中
年

不
迷
茫

01

我还清楚地记得中年危机来袭的那个瞬间：刚刚拔掉了一颗维护了很久但依然坏死的牙齿，舌尖舔着牙床上那个火辣辣的空缺，意识到人变老的过程也是一个失去的过程。从面部的胶原蛋白流失到失去感知的敏锐、身体的活力、头脑中的灵感，从失去一些情感到失去牙齿、头发甚至器官，从失去一些幻想到失去亲人、朋友……面对自身方方面面的缺失和对自己的不满，在惶恐不安中小心翼翼地维护着体面和尊严，所谓彪悍又脆弱的中年，大抵如此吧。

都说四十不惑，但其实只是"四十无人再言惑"而已。

人生走到半途，也许辉煌过，也许一直平庸，但无论如何，这个年纪带来的都是身体上肉眼可见的衰老、心力上日渐缩减的不足。那些智力的辉煌也许并没有因岁月加持而达到巅峰，反而大多数人才华隐没，取而代之的是不想要也会被充斥满心、满脑的鸡毛。

年轻时充满迷惑，但随时可以发泄叫喊出来——谁的青春不迷茫，这是让全人类怜爱年轻人之处，中年人若哭丧着脸，除了日子过得一塌糊涂，不能再证明任何事情。

中年不一定富足安稳，不会都智慧从容，也并不存在真正的与世无求，只是年纪大了，为了体面，不再好意思说出口。美国作家艾达·卡尔霍恩写了一本《四十而惑》，她调查了 X 世代女性在中年时的挣扎和困惑，这本书在内地出版时，我为其写了推荐序，正是因为她太精准地戳中了正在经历中年危机的女性的心。

X 世代是指出生于 1965—1979 年的人，艾达·卡尔霍恩提出 X 世代的女性是第一代被"拥有一切"洗脑的女性。她们反对性别歧视，渴望成功，要拥有和男性一样的事业，拥有财富和地位，还要超越父母一代，享有更优渥的生活……这些也注定她

生活可爱，不必完美

们面临的中年危机和她们的母亲、祖母是不同的。说实话，看到这里，我像被点了哑穴，不正是这样吗？不仅我自己被这些想法洗脑，在我漫长的时尚杂志编辑生涯中，更是不遗余力地讲述"women who have it all"（拥有一切的女人）的观念给读者洗脑。杂志上的女性总是从容优雅地讲述着自己如何事业和家庭双丰收，既取得了令人瞩目的成就又培养出了优秀的儿女，既有令人羡慕的生活品位、艺术修养又有完美的婚姻，但其实谁都明白大多数女性确实"have it all"：在追求更成功的事业、更高的收入和社会地位的同时，她们身上背负的对家庭、婚姻和育儿的传统责任一点儿没有减轻。在现实生活中，当她们人到中年，却发现处处碰壁、事与愿违，很多人遭遇失业、财务危机、机会减少、家庭压力大等一连串的困惑。那些面孔和人生都被修饰得油光水滑的"拥有一切"的成功女性留在精装杂志上侃侃而谈，对照出我们真实的 40 岁人生格外粗劣，就连脸上的皱纹都显得那么不合时宜……

"如果你在中年时感到抑郁，可能有很多种原因，但其中最不重要的就是你的年龄。"《四十而惑》里的这句话尤其戳中我，确实，X 世代是格外压抑的一代，这一代的很多女性"压力很大"，艾达通过调查大量样本，写出了她们内心真实的忧虑。以往，当我被这些忧虑困扰时，会谴责自己，唉声叹气，抱怨连连，但这本书却可以和我一起试着理解痛苦的根源。它针对的不仅是美国显现的情况，这些问题其实是在全球社会、历史及经济趋势共同作用下形成的影响。社交媒体发达的今天，当我们环顾四周，总是不由得羡慕那些看似生活处境更好的同龄人，但艾达告诉我们，其实大家是在同一条漏水的船上。

英国女作家希拉里·曼特尔说："你回望岁月，瞥见一些幽灵，那是你本可能过上的生活。你本可能成为的人，无时无刻不在你的门前徘徊。"这也许就是从小抱着"拥有一切"梦想长大的女性中年回首时的苍凉，但一辈子太久，幻想会化为泡影，我们却还真实地活着，继续好好活着。

最懂得节能和自我保护的中年女性都慢慢学会了自我医治，获得更多支持、重塑看待生活的方式、抛弃不切实际的期待，当然还有等待。中年总会结束，孩子们会长大，关系会变化，我们也会变得不再那么紧张、更加自信，不再担心自己看起来是不是一无是处。

衰老吗你害怕　　　　　　　*02*

害怕衰老吗?

当然。

人到中年，衰老已初露端倪，越来越快生出的白发、皱纹及体力的减退都在宣告"正在老去"这个事实。但我心里明白，更猛烈的袭击还在后面。这种怕，更多是对未知的恐惧——不知道还会发生什么。

但怕也没用，年龄是我们必须接受的东西。这一点和"做自己"一样，毕竟不做自己，也做不了别人。即使不接受年龄，时光也一样会从身上淌过。

"和年龄做朋友""无惧年龄""与年龄和解",这些都是人们谈论年龄时常用的话语,相比之下,我其实更喜欢"忽略"——忽略年龄。这意味着对年龄不必投入太多的注意力和关注度,唯有身处其中,我们的身和心的感受与变化才是最重要的。

40 岁的苦痛和艰难并不会因为 41 岁的到来而消失,我们在时光中一点一滴的努力、坚持和突破却可以带我们走出困境。一岁和另一岁的区别不是数字的递增和容貌的改变,而是见识的增加、思想的递进、智慧的积累。如果这些可以跟随时间的数字一起增长,那么便可以永远停留在"最好的年龄",反之,则只会变成一副日渐衰老的皮囊。

忽略年龄是忽略数字和世俗观念带给我们的标签和定义。关注身和心的感受,认真享受自己当下所执着的事,训练自己的专注力,让思维更多地投入此刻,就不会感受到衰老的来临。而所谓"装嫩"和"危机",往往是人们企图与自身年龄抗争时的无力挣扎和感受。如果你只是把精力一味地投注于"留住过去"或与眼前的这个数字一决高下,那注定内心会充满焦虑与惶恐。

生活可爱,不必完美

忽略年龄是让自己保持最好的状态。

我一直都是晚上 10 点半睡觉，早上 4 点半起床。在外人看来，这是很自律的作息，但对我而言，这一点儿都不需要痛苦的坚持，它就是一剂最好的补药。

在繁忙而琐碎的日常生活中，这段清晨安静独处的时光是我和整个世界拉开的距离，它让我感受到了巨大的"清爽"。做自己的事，不被打扰，自由自在，就是身心最好的保养品。

谁的中年不是一地鸡毛呢，而我们要做的是给自己找到更多安放内心与精神世界的时间和空间。

木心形容青春已逝的人是"肉体上、精神上开支浩繁，魔鬼来放高利贷了"，确实，年轻时刷的是身体与天赋的余额，人到中年，拼的则是各个方面给身体不断地维护和充值。

忽略年龄也是保持"无龄状态"。其实，人畏惧衰老，很大的一部分是害怕容颜老去，失去年轻的光彩与魅力。既然如此，我们就应该更在意如何让自己看上去最好。

十几岁时觉得，人到了一定的岁数，都会穿上那些黯淡丑陋的衣服，变成"难看的中（老）年人"。但当自己过了 30 岁、40 岁，马上就年过半百时才懂得，你永远不需要穿得像一个老年人。没人规定什么年纪要穿什么衣服，你完全可以根据自己的感觉让自己看上去更好。我们当然不必让 40 岁还像 20 岁，但依然可以保持让人难以判断年龄的状态——"显得更年轻""永不停止散发魅力"。做无龄女人，才是要认真追求的目标。

适当运动、注意饮食、保持匀称的身材和一张不油腻的面孔，尽量在意自己的穿衣打扮，让自己更精神些，这些是我个人信念中保持体面的基本。永远注重外表，让外表和内心一样自信，不能让别人一看便知这个人已经被生活打败，更不能在照镜子时嫌弃自己。随时提着的一口仙气儿过平凡的生活，是让人能留住向上求好心气儿的关键。

当然，保持好的状态，更要学会"省着用自己"。

"精力有限，内存有限"，这是我经常和自己说的话。精力有限，意味着你要更准确地判断什么是自己"最想做的事"，而非"应该做的事"，以及什么人是"自己最想陪伴的人"，而非"要勉强应酬的人"。要知道，年龄的增长也是有红利的，当你不再年轻时，却可以更了解自己，做出更好的判断。无论是去挣柴米油盐，还是去追寻风花雪月，全情投入，更会拒绝，这都让你的人生如同翻开新的篇章。

最后，还要小心不要被年龄所暗示。

看到村上春树的一篇文章说他虽然已经到了一定的年纪，但绝对不管自己叫"大叔"。因为当一个人称"我已经是大叔啦"的时候，他就变成真正的大叔了。

这不就是我的想法吗？虽然一把年纪了，但不会称自己为"老阿姨"，连"叶子妈"这个称呼都不喜欢，不管是"妈味儿"还是"大妈味儿"。"话语一旦说出口，就拥有这样的力量"，这确实是真的。

心理学家巴甫洛夫早就给出定义：暗示是人类最简单、最典型的条件反射。无论这种暗示来自他人还是自己，都应该尽量避免。赶走自己觉得自己衰老了的念头，不和唉声叹气把自己归入老年队伍的人做朋友。

年龄增长和衰老到来都是人生一定会面对的问题，但在这个过程中，我们依然有时间、有选择，以自己的智慧走出千百条属于自己的道路。不让无意义的数字限制自己、扰乱内心，让内在的勇气和感受去做主，让时间为我们写出全新的答案。

03

『优雅地老去』是要学习的

经常看见国外漂亮老太太的照片，会附上文案：让我们优雅地老去。

也和人聊过这些"优雅老去的人"，大家通常会说，嗯，关键是得瘦，还得会穿。

但当自己接近 50 岁，再瞭望更往后的人生时，忽然觉得，"优雅地老去"这几个字真不仅是"瘦"和"敢穿"那么简单就能做到的。

年龄增长，伴随而来的皱纹、白发其实都是小意思，威胁最猛烈的还是激素的减退、社会关系的改变、身体功能的衰退等让人陷入一种老年式的黯淡。

这种黯淡是从眼神、表情、语气里散发出来的，也是从姿态、动作甚至每一个毛孔里散发出来的。这是一种对什么都没兴趣的丧，也是一种对万物见怪不怪的疲，更是一种把自己当"病包子"的衰。像一堆灰烬，少了青年人的好奇心和心劲儿。在这种时候，比"瘦"和"敢穿"更重要的其实是保持精气神儿。

德国哲学家奥特弗里德·赫费写过一本《优雅变老的艺术》，他提出和保持年轻一样，变老也是需要学习的，如果我们想拥有体面的、平静的老年生活，那从年轻的时候就要开始积累，积累美好的回忆，积累精神上的资源。

就像开玩笑说的，没有嫩豆腐，哪儿来的王致和？那些上了岁数还散发光芒的人，基本不会是前半生暗淡绝望，等 60 岁之后染个全白的头发，就忽然间优雅登场了的。

实际上，如何优雅变老也是人们终其一生所探讨的"如何生活"的命题。

赫费给老年人提供了四条建议：运动、学习、爱和笑。仔细想想，这四条其实适合所有年龄段的人，只是在不同的人生阶段会以不同的方式践行。

就拿学习来说，我们年轻时通过学习构建的知识结构、学习能力、文化积累，放在人生长线上是一种早期的精神投资，如果只吃老本，这份投资再丰厚，也会坐吃山空。不断更新知识，是我们保持脑神经活跃的最佳方式。不管是学新的技能、语言，还是延续之前的钻研继续精进，都是人们长久的精神依托，可以帮助避免空虚、焦躁的情绪，减轻孤独感，并和社会时刻保持联络。

法国思想家伏尔泰说：对文盲来说，晚年就如同寒冬；对有学识的人来说，晚年却是收获。

埃隆·马斯克的明星老妈梅耶拥有跌宕起伏的一生，在她的每个人生阶段，学习都是一直坚持的事情。除了她一直不断研究的营养学与模特职业技能，她在快70岁时开始写作，还学习互联网知识，成了全球知名的"网红"。她说学习新技能永远不会太迟。

我国翻译界泰斗许渊冲先生更是在耄耋之年仍然给自己制订"每天翻译1000字"的工作计划，别人劝他不要过于劳累，他却回答："翻译的快乐对于我就像水和空气，沉浸在翻译的世界里，我就垮不下来。"

确实，年老不一定就意味着衰老。当我们拥有强大的精神世界和不僵化的头脑时，身体状态也会去主动依赖精神而变得强大。

当然，这并不意味着要与身体机能的老化对抗。"装嫩""逞强""透支健康"在某种程度上都是不接受自己变老这个事实的做法。

皮肤会松弛，身材会走样，超短裙不再适合我们，这是正常的变老的样子；心有余而力不足，该停下时就停下，也是必须接受的状态；再强悍的人上了岁数，都要学会适当依靠别人，借力解决问题，放手曾经看重的能力和权力……学习变老，真正感受"老"的含义，就是从这些细节开始的。

慢下来，一次只做一件事；放下欲望，学会感恩；撇开众望，按自己的人生观生活；接受衰老，敢于和恐惧促膝长谈……身体每分每秒都在变老，但生活时时刻刻在更新。

30 岁时，我就不断感慨"老了，心态不同了"，到 45 岁，我才发现当年感觉到的不同都是细微小事，远远还没够到"老"。真正重量级的变化是从身体本身的变化开始的：发量减少，牙齿松动，容易疲惫无力……但我也知道，到了 55 岁、65 岁，现在所面临的"老"又都不值一提。生命的很多改变都如暗礁一样在身体内滋长，而海面的风平浪静是要靠足够的智慧和勇气支撑的。

想要"优雅地变老"，靠与生俱来的天赋或只给自己"灌鸡汤"是远远不够的。早一点儿了解生命的变化，早一点儿为后面的人生做好精神和物质能量储备，才是让自己优雅老去的必要保障。

04

寻
找
自
己
的
风
格

45 岁之后，我发现自己的衣橱在悄悄发生改变，以各种连衣裙为主的一方天地渐渐变成了衬衫和宽松长裤的天下。毛衣这种以前认为从不需要的单品也出现在其中，短裤和短裙消失了，高跟鞋还在，但变得少有问津，最常穿的是运动鞋和平底船鞋。要知道，以前我曾立下誓言：能不穿运动鞋就不穿，运动鞋是对自己降低要求的表现。

现在想起来觉得有点儿好笑，这算一种"牛少轻狂"吗（虽然当时也并不年少了）？

在十几岁的时候，无法想象自己 30 岁后的样子。同样，到了

30 岁，置身其中，或许觉得之前的担忧是多余的，也不知道 50 岁会发生什么。人就是这样，虽然看过身边无数不同年龄的样本，但依然时刻面对一个自己无法想象的未来世界。不出意外的话，我们都将迎来这个未来时刻，到那时再回过头比较，就会发现自己一直处于变化中。

我做过 17 年的时尚杂志编辑，从一个本土时尚杂志的时装编辑到世界顶尖"时尚圣经"《VOGUE 服饰与美容》杂志的编辑部主任，这漫长的职业生涯积累了我对时尚的认知和品位。从一季季的时尚潮流、妆容变化到时尚产业的发展演变，从一个包、一双鞋的设计理念到一场大秀的策划和呈现，从一个明星出现在时尚盛典上的造型到背后设计师、造型师和化妆师整个团队的精心打造……一切如梦似幻，但也真实影响着我的生活，让我意识到人的外表应该和内心达成一致，它们互相依托，也互相帮衬，展现出最佳自我的同时，也在时刻回答着"我是谁"这个问题。

那么我是谁呢？

当我是一个初入职场的年轻女孩时，去杂志社面试，穿了一件品牌打折时才买得起的毛衣——虽只是几百元，背了一个自己一锤子、一锤子手工制作的牛皮包——这是我当时最好的行头，人职很久后和主编聊天，问她当时为什么在参加面试的几个人里选了我，她笑着说了几个理由，其中之一就是我穿得比其他人好看……

那时的我是买不起自己所做的时尚杂志上的包、鞋子和高级时装的，大多数时候，我依然穿球鞋、T恤衫和牛仔裤工作，但能与那些漂亮的东西朝夕相处，感受设计中的细节和它们穿搭在模特身上的效果，也是很开心的。作为时装编辑，可以接触顶尖的设计师、化妆师，以及最好的模特和摄影师，不断训练自己的眼睛和手，既可以用大牌服饰搭配出惊艳的效果，也可以以平价的衣物混搭，这是一个时装编辑必须具备的基础素养，当然，这些职业训练也渐渐积累了我个人穿搭的经验。

也是从那时起，我懂得了拥有一堆廉价的衣裙不如有一两件剪裁精致、面料高档的基础款单品，也知道了配饰的点睛作用，了解了不同场合该有的穿搭风格。更关键的是，我明白了一个道理：你希望服务好什么样的客户，或者你想成为什么样的人，就要穿得像她们一样出色！

这句话的意思并不是要你借钱去追逐名牌，或复刻成功人士的穿着，而是树立目标，让具体的人物和她的形象引领自己，一步步接近她们、成为她们。

每当我采访那些衣品出众的设计师、精英女性及镜头前闪闪发光的明星时，都像受到一种召唤——成为像她们一样会散发光彩的女性吧！这是那一刻心里的愿景。模仿、学习是推动彼时年轻的我前行的神秘动力。那时，我攒钱买的每一件更好的时装、包和鞋都是在心底为接近更好的自己、想要的生活而迈出的步伐。

学习、努力地工作、勇敢地尝试和挑战，这些都是 25 岁到 35 岁这十年的关键词。从本土时尚杂志到时尚杂志的"巅峰"《VOGUE》中国版，更高的职位和更好的待遇是努力后水到渠成的结果。在成长的路上，从来都不会只有散发迷幻光芒的梦境，但要将这种光芒和希望永远放在心底，照亮前路。

过了 35 岁，才是我真正成熟与确立自我风格的时期。

那时才真的理解香奈儿女士所说的："时尚就是用自己的创造力建立自己的形象。"这种"建立"对我来说并不是要多么标新立异、与众不同，而是找到一种让自己感觉舒适、自信且符合自己状态的风格。

于是我放弃了对多种多样的时装潮流、配饰和发型的追逐，把目光固定在最符合我气质的单品上——廓形简洁的连衣裙、偏硬朗挺阔的小外套、设计精致但不烦琐的礼服。那时的我几乎每天踩着鞋跟超过 12 厘米的高跟鞋，这样的高度让身高仅有一米六的我显得更高挑，原本就瘦直的双腿线条更突出，行走在各种时尚场合也更有气场。我的妆容在化妆师的指点下把重点聚焦在了眼部和唇部，发型也是从那些年一直持续至今——符号般的黑色短直发波波头。

确立基础形象的好处是，让自己更有辨识度，也不会浪费太多时间在每日穿搭和换季选购上，能把更多的精力用在其他主打项目上。当然这并不意味着一成不变，在一个大的风格下，依然有无数可以选择的精彩设计、新颖造型，但稳住了基本盘就不会让自己乱了方向。

这是我的 35 岁到 45 岁。那时的我是谁呢？是一个成熟的职场女性、一个在时尚圈工作的资深媒体人，其中还包含了职位对我的要求——低调、不张扬、沉稳、值得信任。

也是在那些年，我体会到女性要维持一个永远得体的形象要付出多少时间和金钱：发型一个月就要打理一次，美容院半个月去一趟，美甲更是不到两周就要重新做，这样才不会有指甲油剥落或长出新甲部分的尴尬。衣服则要每天熨烫、清洗，化妆、吹发这些更是要在上班前留出至少一个小时……但当我真的见到了美国版《VOGUE》的主编、传说中的"时尚女魔头"安娜·温图尔时，才知道这些都是小菜一碟。她轻盈有力的步态和手臂肌肉清晰的线条一看就是长期健身所得，和我同款的发型每天要洗吹两次才得以永远蓬松顺滑，而以她的身份日复一日应对时尚场合所需要付出的、花在服装和造型上的时间和精力更是我们普通人的几十倍，甚至上百倍。

所以，我相信了那句话：每个让外表一直保持得体漂亮的女性都不容轻视。这确实是一份需要毅力和坚持的信念。

要让外表和内心一样自信强大，因为人的外在和内在存在一种相互扶持的关系。当你比较弱小时，好的衣着打扮可以提升你的自信，在人前为自己赢得他人眼中更好的印象，创造更多的机会，得到更多的关注；当你已经足够强大，这种关系反而可以逆转过来，用内在撑起外在，即使回归最普通的服饰，也能穿出不同的味道和独特的个人风格。这时人们关注的是衣服里的那个人，而衣服早已成了你个人气质的一部分。

这种变化也可以在很多时尚偶像身上看到。比如年过六十依然被誉为"巴黎最美女人"的伊娜·德拉弗拉桑热（Inès de la Fressange）曾说，现在你不会再看到她穿迷你裙、皮夹克和毛皮大衣，甚至过去那些"如同写着她名字"的香奈儿外套，她也不再穿了，她觉得年轻的女儿穿上这些更美，而在60多岁的她身上却会显得老20岁……她现在仍然爱伊莎贝尔·玛兰的设计，也钦佩香奈儿的想象力，但她更喜欢穿优衣库。"当一个女人变老时，最糟糕的事情就是依然去维护她年轻时认为最好的风格。"伊娜主张在时尚中永远不要说"永远"："你也永远不会太老，不应该对当下新的东西失去兴趣。"

我在45岁后也悄悄迎来了这种改变，这同样是我之前没有意识到的。

我曾以为自己40岁的风格是最好的风格，裙装、高跟鞋刻在我的思维中不会被轻易更改。但当我开始穿宽松的白衬衫、用各种各样的长裤替代裙子，平底鞋成了日常，镜中的自己也一样可以很好看，而且更加自由。反而穿上以前的一些连衣裙、小套裙，虽身材并没有走样，还是S码，但感觉完全不同了——

拘谨、束缚，无形中一个更巨大的我被紧紧箍住，想要挣脱。那一刻，我明白了，是人生又进入了一个新的阶段。

这一刻的我又是谁呢？

我已经离开时尚媒体行业三年多的时间，自己创业，日常以写作为主。这样的生活让我告别了昔日中央商务区高耸入云的写字楼，社交活动也减少了很多。我不再需要用套装给自己"打鸡血"，也不用靠高跟鞋提升自己的气场（虽然我依然爱跟高 12 厘米的高跟鞋）。人更自由，选择就更自在。我们的灵魂和身体相互影响，在这种状态下，穿着风格的改变也是水到渠成的变化。

这让我想起一位走在时尚前沿的时髦奶奶苏菲·芬塔内尔（Sophie Fontanel），她一头松散的银发，每天对镜自拍的穿搭火遍社交平台 Instagram。但如果你不知道她之前的样子，就不会感受到其中巨大的改变。她曾在法国知名时尚杂志《ELLE》任职，长达 12 年，是业内公认的时尚大咖。之前的她一头黑色短发，穿着套装，是一丝不苟的精英女性模样，严谨有余却风格不足。她自己也曾说："我一度觉得自己很丑，不上镜，害怕拍照。有了苹果手机后开始自拍，才发现自己也没那么丑嘛，学会接受自己太重要了。"

真的，女性无论外貌是否出色，在年轻时往往被很多东西束缚，有的是来自社会、职业与家庭的传统观念，有的是对自我的不肯定和不自信，有的是深陷不适合的情感关系，有的是对未来的无力掌控感……但随着年龄的增长，那些越来越出色的女性往往具备了更加自信与自我的特质。她们不再介意其他人的看法和评论，可以接受自己最美的地方与最丑的地方；她们可以勇敢地做任何想做的事；她们不再关注社会流行的价值观，而是更在意那些让自己生活得更好的方式。

从外表、穿着上给人的直观感受，深入精神内涵，不老女神最值得我们学习的是她们修炼出的"自信"、"自我"与"自在"。

有时候我会想，下一个十年，我又会变成什么样呢？是否会尝试更时髦的装扮？能不能体验更多的色彩？会不会变换新的发型？

谁知道呢？生命是一场充满奇遇的旅程，只要留住心里爱美的那道光，变成什么样都会是更精彩的自己。

05

找
到
自
己
的
节
奏

从 6 岁上小学开始，我们就学着去适应"该有的节奏"：1 分钟要做出 100 道口算题，45 分钟做完一张卷子，小学阶段最好能背完所有初中学习要求的古诗词，初中学完高中的课程，这样才是最优秀的孩子……

就这样迈入工作，依然有无数节奏需要跟上——客户马上要的方案、老板不断提出的要求，人生的节奏似乎也被规划好了——多少岁谈恋爱、多少岁结婚生子、多少岁应该有房有车有存款……若有偏差，就会被人质疑跟不上节奏，被认为是一种失败。

但人的生命又怎会是一台精准计时的钟表呢？很多时候，我感觉力不从心：小时候因为写字慢，抄不完习题，手写到抽筋的痛依然隐隐浮现；工作后，拼尽全力在1月做3月的选题、今年做明年的策划，而明年该考虑的是未来十年新的发展和形式；等到做自己的事了，又发现周围的创业者都疯狂地一年演讲一百场，公众号每日更新，每天直播十二个小时……

够了，真的够了。

虽然我敬佩这些生产力卓越的人，承认他们更优秀，能获得更多的财富和成功，在年轻时也雄心壮志地想成为他们，但人生到了下半场，我学会的更重要的一件事是把目光向内收，不再被外界的精彩繁华干扰，更多地看向内心，倾听自己的声音，看见真实的诉求、渴望和暗藏的力量。

我开始摸索什么才是真正属于自己的节奏。

从小处讲，清晨4点半起床，煮一杯咖啡开始做一件计划中的事，安静专注的状态一直可以持续到6点半，做早餐，送孩子去学校，然后继续。整个白天的时间都属于自己，傍晚孩子放学了，才把注意力再次转到她身上，一直到晚上10点多就寝。

稳定而细小的节奏周而复始，日复一日。

镜头再拉远一点儿，我会看到自己一天只能安排一件主要的事，写作就不能画画，出去见人可能就只能再插空做一些琐事。一个阶段也只能有一个明确的目标：要完成书稿，就要闭关回绝所有出去玩的邀约；要集中做产品，就无法把精力用在更新课程上……学会放弃一些事情，反而可以把有限的精力集中起来直达目标。

也正是因此，在过去的几年中，我推掉了不少看似不错的工作机会，也耽误了重新收拾自家花园的想法，很多设想中的聚会没有张罗，甚至好多想看的电影都错过了档期。但每个阶段都只集中做一件事，多余的事一点儿都不去想，有些事情看似被延缓甚至延误，但总体目标达成得比以前更有效率。

《卫报》心理学专栏作家奥利弗·伯克曼写过一本《四千周》，他说人生只有四千周，必须重新认识时间，意识到人生的有限性。其中，他讲到一个方法，就是为自己在同一时间段内能做的事情设定一个严格的数量上限。他的建议是不超过三件，一旦你选定了这些任务，那么其他事就都必须排队，直到这三件中有一件完成，空出一个位置。当然，也可以在一个项目进行不下去时彻底放弃它来空出一个位置。伯克曼说，他对自己的工作方式做出了这个小小的改变，它的效果却大得惊人。他再也无法忽略一个事实，即自己能处理的工作数量极为有限。

这一点在我的实践中也有深刻的体会。每当我为自己的一个阶段挑选需要专注的工作时，就得掂量一下那些免不了被忽略的事情。这也算是一种让人被迫接受现实的做法吧。经过一番思量和比较，就更容易获得不被干扰的平静感。而且手头的事少了，这些事也就真的能从计划单上走下来，不再是一个幻想中的计划，而成为一件真实发生的事。

在《四千周》里，伯克曼还讲了一个股神巴菲特的故事，不知道故事是真的还是一则心灵鸡汤，但确实有所启发。故事是这样的：一次，巴菲特的私人飞机驾驶员问他如何设定事项的优先级，巴菲特回答说列出自己人生中最想实现的 25 件事，将它们按最重要到最不重要的顺序排列，安排时间去处理排在前五的事。故事到这里都还是陈词滥调，接下来的话才是精髓。

巴菲特告诉飞机驾驶员，剩下的 20 件事并不是他一有机会就应该做的次优先级的事，而是他应该不惜一切代价极力避免去做的事，因为这些目标没有重要到形成他人生的核心，却又有足够的诱惑力，让他无法专心做那几件最重要的事。

这个故事其实就是在讲，如果把人生中重要的事比作石头，不重要的是沙子，那么这世上有太多的大石头，那些只是比较吸引人的石头——像比较有趣的工作机会、不温不火的友谊——会让有限的人生惨遭失败。

小说家翁贝托·埃科提过一个概念，叫"固执的无兴趣"，他说要培养一种固执的无兴趣，你必须把自己局限在特定的知识领域。你不可能对事事都求知若渴，必须强迫自己不要样样都学，否则什么也学不到。

这确实是人生最真实的面貌。

当我跑过生命一半的路程，渐渐地，山谷里隐约闪现的溪流、跳出来的野兔和有着清脆歌喉的鸟儿都已经不太能扰乱我的步伐。这时才真的懂了古人所讲的"舍得"：很多看着很好的事不去做、很好的机会不去抓，只是为了不改变自己应有的节奏，执着地追求做成"最好的事"。

这世界漫天飞舞着新的机会和新的热点，但要强迫自己不要什么都关注、什么都尝试。生命必有属于自己的先后顺序，看清它、遵循它，找到自己的节奏。人的精力和能力非常有限，总怕错过什么，反而什么也抓不住，让自己的人生陷入没必要的复杂和艰难。

不急，
更美

06

在学习水彩画的过程中，我意外得到了很多有意思的人生启示，就比如想学画不知从何开始时，老师说"就，画啊"，这三个字可以用在任何需要迅速开启和投入的事情上，不要想太多，赶紧做起来才是；画得不好感到沮丧时，老师说"一定要不停地原谅自己"，一句话化解忧愁。也是，哪有什么完美的画作、完美的人生呢，不过是不断吸取教训再次来过。

说到写生时，老师也讲了一个故事。

他说自己曾随一个画家团去奥地利一个叫哈尔施塔特的小镇，导游给大家四个小时停留时间，所有人都迫不及待地奔向各个景点打卡、纪念品商店购物，只有他选择哪儿都不去，在最美的湖边支起画架，用这四个小时安安静静地画了一幅风景写生。等四处奔波的画家们提着购物袋满载而归时，被眼前这幅画震惊了。四个小时，原来可以画得如此深入细腻。老师说，他没有用那四个小时急匆匆地赶着去换一张张蜻蜓点水般的游客照和一堆早晚被淘汰的纪念品，而是把记忆永远留在了画里。故事的最后是，画家们感到很遗憾，自己没有画画，于是每个人都在画架前，拿着画笔摆好姿势，和这幅写生作品拍了一张合影留念。十几年过去了，老师很得意，每当这幅作品展出时，那湖水的涟漪、远处的山峦和空中的云朵就带着他又一次回到哈尔施塔特的湖边。

四个小时也好，四天、四年、四十年也好，任何一段时间都可以有所急，也有所不急。遵从自己的内心，执着于自己所选择的最重要的事，在不着急的状态下，真的可以看到更美的风景，也一定能留下让自己最满意的记忆。

不急，才更美。

但这在"速度成瘾"的今天又是多么难求的状态，人们痴迷于在越来越短的时间内做越来越多的事。这就像酗酒一样，令人着魔。

你一定也有同样的体验：几乎是红灯切换成绿灯的一刹那，后面就响起了催促的鸣笛声；即使电梯的门已经在徐徐关闭，依然有人高频地戳着关门键；打开一个视频或影片的同时，我们就第一时间去选择倍速播放……

是我们的生活节奏变得越来越快吗？还是人们渐渐失去了耐心，越来越焦躁？

你会不会拿起一本书，却感觉越来越难集中精力阅读，中间夹杂的左顾右盼和摸手机的时间流露了一种不耐烦；新买的电子产品那么让人恐惧，如果有人能一分钟教会自己所有功能就好了。只要放慢速度，焦虑感就会袭来，这让人不禁发问：我们的耐心去哪儿了呢？

是啊，我们的耐心去哪儿了呢？都说当今这个时代，所有科技和文化都只关注如何以快速取胜，"即时满足"成为常态。智能手机可以让你在几秒内了解当下的热点、找到新开的餐厅、买到想吃的比萨；如果一个视频超过三秒还没吸引你的注意，那大概率会被划过；如果注册一个 App 需要半分钟，那被放弃的可能性也大大增加。我们对即时的期待越来越高，这是便利的体现，但负面效应就是导致人们越来越缺乏耐心。

另外，网上的知识内容越来越多，时长却越来越短。3 分钟就能听完一本书，5 分钟就能讲完《百年孤独》，21 天就可以成为营销高手……碎片化时代，我们不再考虑长远，人们更不愿意花力气凝固自己的时间和心智。读书？太费劲了。赚钱？怎么能再快点儿？恋爱？太麻烦了。观点？网上遍地都是啊！

卡夫卡曾写道："所有人类的错误无非是无耐心，是过于匆忙地将按部就班的程序打断，是用似是而非的桩子把似是而非的事物圈起来。"他说"人类的主罪就是缺乏耐心"，还说"耐心是应对所有状况的万能钥匙"。但在这样一个耐心奇缺的年代，我们又如何重拾耐心，并把它化作创造力的源泉呢？

首先是放慢速度，但这种"慢"并非要回到"从前车马慢"的旧式生活中，就当下而言，急躁和缺乏耐心的对面不是缓慢，而是专注。放慢速度的目的并不是执着于慢本身，而是要更专注当下所做的一切，投入更多的时间关注和思考，不轻易接受一个现成的说法，更不急于得出结果。

专注也是可以训练的。在米哈里·契克森米哈赖的著作《心流》中，他就提出了五个方法，包括尽可能把手机拿远一点儿，避免打扰，消除分心；给自己进入心流状态留出足够的时间；尽量做自己喜欢的事；有清晰的目标；给自己一点儿挑战，走出舒适区，但也不要远离舒适区。这些方法能让人更容易感受到极度专注所产生的心流状态。

其次，相信长期的力量，做一个渐进主义者。

《龟兔赛跑》是小时候读的寓言，虽然我们不太把它当回事儿，但它无疑说明一个道理：一步步地坚持看似缓慢，但终会达到目标，而一时的爆发力和速度并不一定持久。

这其实给我们的隐喻是，要把事情放在一个长一些的时间尺度上去看，接受渐进主义，不追求速胜，而是寻求长期坚持的质变。具体的做法可以学习海明威和村上春树的写作法则。

海明威每天只写 500 字，每每要通往下一个情节时，他便停笔。他形容每天写够固定配额停笔时，有种"跟你心爱的人做完爱后"的"既空又满"的感觉。村上春树在写长篇小说时，也是规定自己一天写出 10 页稿纸，每页 400 字，用电脑写作的话，则大概是两屏半的文字。即使还想继续写下去，他也照样打住："因为做一项长期工作时，规律性有极大的意义。"他就这样抱着"既没有希望也没有绝望"的心态，一天写上 10 页，一个月便能写 300 页，半年便是 1 800 页。

每天给自己预设一个工作结束时间，一到时间，马上停止工作，即使精力依然充沛，也得停下来。这样做是为了培养耐心，也是为了让自己接受"生而为人，能力有限"的事实，为"长跑"持续保持体力和心力。

最后，让自己投入一个深度爱好中去，这也是重拾耐心的最佳方式。

这个爱好可以是画画、徒步、冲浪、烹饪、读书、手作……是的，可以是任何你感兴趣的事，但要注意和消遣区分开来。简单来说，那些耗时不多、不费力就能得到快乐的是消遣，它提供给你即刻的满足。而那些需要花费无数时间和金钱、不断投入、不断精进并持续从中获得快乐的，才叫爱好。

当你沉浸在一个爱好里，就像学水彩画之于我，很容易知道什么时候应该迅速展开、什么时候要放下焦虑，以及如何才能坚持。爱好的非功利性也让你不必非得获得成功，而是一步步专注学习，和身边众多同伴一起，看到"不急不徐"的力量。

罗素说："世界充满了神奇的东西，它们在耐心地等待我们变得更有智慧。"我们为了这份终将萌发的"智慧"，也要投入充裕的时间，充分地等待，灌溉以充足的耐心。

那些并不完美，
但美好的瞬间

家，是有生活的地方

- **看得见阳光的餐桌**

虽然只是一张旧旧的小木桌，但摆在窗前，每天早晨，阳光都会洒在桌面上，为新鲜的橙汁添色，为简单的煎蛋添味。

- **经常有鲜花**

不一定总有时间去花市，有时是超市带回几枝花，有时是从盆栽里摘下一朵花，或者干脆把花盆搬到餐桌上。鲜花是性价比最高的奢侈品，它总能带给你愉悦的心情、勃勃的生机，也总在对你说：用心爱这生活吧，每一朵花就像每一天，都是独一无二的赠予。

- **租来的房子**

学校旁租来的房子，先粉刷了墙壁，换了所有的橱柜、卫生间设施和每个房间的灯。这些基础硬件的维护和更换就让整间屋子有了底色，更符合自己的审美和使用习惯，再挂上画、铺上地毯，打造舒舒服服的自己的家。虽然只是租来的房子，但生活始终是自己的。

● **一个专属于自己的角落**

不管家是大是小，都要有一个只属于自己的领地。一间书房，或只是一个阅读的角落，甚至简单的一张书桌、一把躺椅……

● **关键是怎么生活**

无论一个家奢华还是朴素，都不是幸福的关键。生活不在于拥有什么，拥有本身并不产生价值，有价值的是利用自己所拥有的一切好好地生活。

任何年龄都可以美丽

● **一件适合自己的白衬衫**

白衬衫是一种神奇的造物，适合任何年龄的女性。它那么低调，却总能把你最性感和感性的一面展现出来。选廓形宽松的棉质衬衫，领口多解开一粒扣子，会更有味道。

● **合身的衣服**

我总提醒自己，别轻易尝试一件式袍褂类服装。我知道那会很舒服，就是因为太舒服，容易渐渐让身体放松警惕，慢慢走形。合体的衣裙和外套总是让人显得更精神，提着一口气，时刻提醒自己：请保持住。

- **露肤不一定更有魅力**

尤其在 40 岁后，超短裙和深 V 的上装（除非是礼服）在我的衣橱里基本消失了，这些性感服饰不一定会显得更年轻、更有魅力。

- **养儿不防老，但防晒防老**

在时尚杂志工作那么多年，从美容编辑那学来的最有用的美容知识就是：必须防晒！一年四季，任何天气，涂抹防晒系数 50 的防晒霜。切记！切记！

- **注意细节**

可以不化妆，但对手部、脚部和头发的护理不能放松。每个月几次"返厂维修"——护理指甲、修剪头发，都是一定要花的时间。

没有满分的爱与婚姻

- **浪漫陷阱**

热恋的迷雾总会散去，那些隐藏的暗礁、硌脚的石子、扎人的荆棘都会一点点露出来，这时你必须清楚地意识到自己是同一个真心尊重和喜欢的人在一起，否则接下来的日子会越发艰难。

- **尊重第一位**

在谈到亲密关系时，沟通、包容、共同目标、一起成长，这些都重要，但我要告诉你，长久的夫妻关系中最重要的是尊重。

有时候你感到愤怒、失望甚至感受不到爱意，但此刻的"尊重"是对一个人的基本的平等的尊重，一旦失去了尊重，一切都将无法挽回。

● **不要为爱牺牲**

玛丽莲·曼森在一首歌中唱道："为了爱你，我向自己开枪，而如果我爱自己，我就会向你开枪。"

一段建立在牺牲上的爱情是不会持久的，并最终伤害双方。一段正常的感情需要的是两个正常的人。

● **保持自己的生活**

确保你有自己的生活，时时刻刻黏在一起会导致两人更难相处。找到自己的兴趣、爱好、朋友和社交圈。双方的个人生活可以重叠，但一些不同的东西可以为彼此带来新鲜感和话题。这有助于扩展两人的视野，也不会因双方的生活完全重合而感到无聊。

● **对自己的快乐负责**

要明白只有自己能使自己快乐，这不是伴侣或者孩子的责任。找到能使自己开心的办法取悦自己，然后把快乐带入感情和关系中。

● **别期待"共同成长"**

很多情侣和夫妻都觉得"共同成长"至关重要，这没错，但实际上两人都会以意想不到的方式成长。

随着时间的推移，尤其是在一起超过 10 年、20 年，你一定会发现身边的人变得不一样了，你们的步伐也不会保持一致。即使两棵一起栽下的树，几年后都各有姿态，何况是人。重要的是，如何看待、接受岁月对于人的改变。

生活可爱，不必完美

- **做好自己**

婚姻和其他事情一样，遇到问题埋怨对方其实没用，最好是看清自己，完善自己，做能做的，不强求别人。如果对方和你有同样的心就能一起进步，让关系更好；即便不行，做了最好的自己，也有最大的可能遇到更好的缘分。

- **管住嘴，相信爱**

时时刻刻提醒自己：管住嘴。多朴素的真理。没有完美的婚姻和爱，只有愿意在一起的两个人。相信爱，相信你们能一直往前走，便会有长长久久的爱。

不追求成功，但追求乐趣

- **保持工作**

当你可以选择工作或不工作的时候，选择继续保持工作状态是一种诗意。我一直认同米哈里·契克森米哈赖在《心流》中所写："一般人认为，生命中最美好的时光莫过于心无牵挂、感受最敏锐、完全放松的时刻。其实不然，虽然这些时候我们也有可能体会到快乐，但最愉悦的时刻通常在一个人为了某项艰巨的任务而辛苦付出，把体能与智力都发挥到极致的时候。"

- **事半功倍**

不要炫耀你完成了更多的工作，加班也不值得炫耀。尽量学会减少工作，永远把高效和事半功倍当成目标，工作才有可能变得更美好。

- 设定边界

在工作中设置边界，工作与私人生活的边界、责任的边界、时间的边界、与他人的边界。有边界感的工作会让你更轻松自由一些。

- 别赋予工作太了不起的意义

工作只是生活的一部分。能做自己喜欢的事是幸福的，倘若不能，就把它看作谋生手段。无论怎样，都别赋予工作过高的意义，活着本身才是最大的意义。

别逼着自己自律

- 半途而废的魔咒

锻炼、减肥、读书，一切计划都面临半途而废，是你缺乏意志力吗？其实不是，当你所做的事情无法说服自己、令自己怀疑、觉得不重要、没有意义的时候，你的整个身体系统都在反抗这件事。此刻靠逼自己是最无效的办法，你应该做的是厘清自己的认识，重新梳理，在心底重新认可所做的事情，建立信心。

- 做完一件小事

最颓废的时候往往是年底，看到一年时间所剩无几，却似乎什么都没做。此时不如再给自己一两个小小的目标，哪怕是重新收拾一遍书柜、衣橱，去三五个好餐厅打卡，或再读完两三本书、认真做几顿像样的早餐……目标可以很小，但只要做完，就会好心情满满，感觉不负时光。

● 自律不是目的

如果你也想试着早起，一定先给自己制订一个早起计划——起来做什么？让这个目标带来的期待和动力去唤醒你。如果没有特别想做的事，那不如多睡会儿。记住，早起不是目的，自律也不是，更不是为了感动自己。只有真的有内需的"早起"和"自律"，才能体会到"爽"，也才能够坚持下去。

生活中的小火花

● 随手可得的好酒

在公司茶水间的冰箱里藏两瓶小甜白。庆祝一个案子做完的时候、被上司批评心情不好的时候，或仅仅是……想放松和同事聊几句的时候，倒上一杯，抿一口，冰凉凛冽又甜蜜。在家里，更要常备喜欢的葡萄酒、香槟，不仅是与家人共享，更是一个人工作时随时喝一杯的"良药"。随手可得的好酒，真的是生活中闪亮跳跃的小火花。

● 把屋子"变小"，把杯子"变大"

冬天来了，换上厚厚的被子、拖鞋和窗帘，换上更舒服的枕头和靠垫；在沙发上多加条毛毯，随时盖住腿；打开加湿器，让香薰精油的味道充满房间；把要读的书堆在桌脚下，随时能拿起来，而不用挪窝儿……屋子看着似乎变小了，但暖暖的，很舒服。每天用的马克杯却要在此时换成大大的，满满一杯滚烫的红茶或咖啡就在手边，很久不会变凉——多好。

- **偶尔打破一种生活习惯**

一天写着写着东西，忽然就想一个人去看场电影，并一改开车的习惯，在家门口登上一辆双层公交车。车内阳光明媚，人很少，车开得不慌不忙，每站上人下人，不赶时间。那一刻我觉得特别舒服安逸，心情也变得平静。

换一换餐具，布置一下餐桌，换一种穿衣风格，尝试一些新的菜系。所谓生活乐趣，就是这些小小的改变吧。

- **逛菜市场和花市**

心情低落时最好去逛菜市场和花市，看那么多新鲜又美丽的蔬果花朵，简单易得，是近在咫尺的幸福。

- **看植物如何生长**

二月兰的叶子在春天是长圆形的，冬天则缩成圆形保存能量。缺乏力量时就去大自然中看植物生长的智慧。

- **日常的美好是对抗无常的能量**

生活是日复一日简单的重复，也是无数温暖与爱的细碎时光的汇合：好好为家人做一顿饭，等一株花开，布置一个美丽的餐桌招待朋友，把一张喜欢的画作挂在桌前……日常的美好就是对抗无常的能量。

学习是宠爱自己

- **奢侈投入爱好**

给自己报了学费昂贵的绘画课程，选购小时候想都不敢想的高级画

生活可爱，不必完美

材——法国纯棉水彩纸、貂毛画笔和艺术家级的颜料。当铺开一张白纸，落下第一笔时，学习这件事变得又美好又有仪式感，更是对自己的万般宠爱。

● **不断更新自己**

无论身上有多少不完美和需要修正的地方，持续学习，你遇到的就会是更好的自己，而不是反反复复、原地打转的那个人。

● **接纳弱小的自己**

了解自己的能力限度在哪里，知道什么做得到、什么做不到。别逞强，也不要虚张声势，学会求助和适当后退一步。接纳弱小的自己，才有可能变得强大。

● **阅读与写作**

不断阅读，在书中了解自己的困境与局限；持续写作，写出自己内心的情绪和感受。输入、输出让自己和这个世界保持新鲜的交流，也和自己保持着亲密的沟通，这样才能克服日常生活的琐碎与乏味。

整理内心

● **定期清理杂物**

人需要空间，情绪和思想也是。清理掉房间内的杂物，能让生活露出本质；清理掉头脑中的杂物，能让内心发现自我。

● **减少"过量"**

我们生活在一切都过量的时代：物质过量、消费过量、信息过量、娱乐过量、工作过量、休闲过量、欲望过量……让生活归于平静不是再增加什么，而是减少、减少再减少。

● **有节制的网络生活**

网络生活消耗了大量时间，也带来了不少烦恼，我们却离不开。尝试以下做法，会让你感觉更好。

- 不要羡慕别人发布的"精装生活"或"滤镜成就"，并以此对比自己"平装"的真实生活；

- 不要总搜索自己的名字；

- 不要关注你讨厌的人，更不要回复你讨厌的人（观点、内容）；

- 注意那些你给自己设置的本该停止刷手机的时间；

- 感到不舒服就去医院，不要搜索病状自我诊治；

- 别因为匿名或隐藏在非实名认证账号背后就丧失原则，保有同理心，保持善良；

- 除非是生意，否则别被"流量秘籍"和"算法"牵着鼻子走，你会变成一个网络人偶；

- 审美最终决定你做什么、关注什么、如何发表自己的意见，守住自己内心的审美底线；

- 你可以给自己一个人设，可以给自己的照片美颜，也可以尽情美化自己的生活，但心里要设置一个边界，清楚这并不是全部真实的自己，同样，你所羡慕的那个人也并非他本身。

生活可爱，不必完美

- ● **等待或删除**

找回耐心，要学会等待。如果值得就不能着急，反之马上放弃。同时，耐心意味着承认生活就是一个问题接着另一个问题，我们要做的就是找出问题的答案，或干脆删除问题。

忽略年龄

- ● **害怕是因为未知**

害怕衰老恰恰是因为你还年轻。畏惧年龄往往是因为我们对自身缺乏信心，对人的生命、对未知的生活和可能性同样缺乏了解和探索。

- ● **自己决定什么时候变老**

年龄和衰老之间并非等量递进的关系，这是一件玄妙的事，就像北野武所说："人生并不像一年四季那样分明，40 岁的相扑选手就算老，但 50 多岁的政客还会被称为菜鸟。很难确切区分多少岁算是老年人，我们必须自己决定自己老了没有。"是啊，我们是自己决定什么时候变老的，除了自己，又有谁能真正为我们下这个定义呢？

- ● **做无龄女人**

我们不必追求永远的少女感，但依然可以在任何年龄"显得年轻"。"显得年轻"的人不是像 20 岁、30 岁或任何年龄，而是有一种无龄感。散发无龄感的人让你没法判断她的年龄，她有得体且品位卓越的穿着、健康的身体、活跃的思维、闪亮的双眼、愉悦的笑容、兴致勃勃的态度和对生活充满好奇的探索精神。

- **永远都不晚**

是的，你永远处在余生时光中最年轻的一刻，不管想做什么、开始什么，还是那三个字：去做啊。

保持松弛感

- **一天不会收获太多**

无论是工作，还是辅导孩子学习，别太激进。每天安排一个底线比较低的任务，完成了就收手，或到规定的时间就结束，即使状态好也一样。能够保持稳定的节奏，才能走得更长远。

- **保留一点儿冲动**

说走就走、说做就做、说买就买……一点点冲动能带来释放的感觉，当然，没准也会后悔。有"允许自己冲动，但接受损失"的心态，就会释然。

- **浪费一点儿时间**

我们不可能时刻保持生产力，衡量产出价值。时间不是投资品，总需要得到利益回报。有时候，浪费一点儿时间，让自己放空、做无意义的事，这些都是必要的调剂。

- **和他人无关**

这种无关不仅是不让他人介入你的领域、干涉你的生活或选择，也是不被他人影响。看到别人的一切，不拿来直接代入自己。与他人比较生出的焦虑依然是焦虑最大的源头。

不完美的自己，一样值得被爱

● **支持自己**

爱自己并不应该是"买买买"的口号，也不要变成消费主义的骗局。在我看来，爱自己是随时支持自己、保护自己的状态，是永远可以给自己想做的事一个开始尝试的机会，是可以随时对自己说"没关系，承认失败和局限并接受它，原谅自己"，是自我肯定，相信自己的选择、判断和结果，对自己所做的事有一种信仰般的笃定。

● **呵护身体**

洗热水澡，芳疗按摩，细致涂抹身体乳……对身体的呵护可以有效地放松身心，并对自己产生疼惜的情绪。

● **满足与克制**

一个爱自己的人会满足自己的需求，但也会克制过多的欲望。这就像为自己保持一个可循环、可再生的生态环境。

● **感受情绪变化**

接受你的情绪，感受它的变化和每种情绪代表的深层内涵。情绪是用来抚摸和感受的，不是用来消灭和压制的。

● **"缺点"不一定是缺点**

很多"缺点"并非真的是缺点。缺乏耐心，也可以解释为兴趣广泛；散漫是自由天性使然，思维活跃的人不愿意被他人限制……更不要说那些高矮胖瘦的差异，爱自己的"缺点"并把它变成最大的特点也是一种能力。

- **拥抱现在**

我们拥有的只有现在，一个又一个的现在。焦虑的时候，就给现在的自己找点儿事情做，或宠溺一下眼前的自己。你能安排的只有现在，未来和过去都不由你掌控。

平凡中的诗意瞬间

- **一只猫咪**

曾经加班最凶的时候，收工后独自在雪地中的一个长椅上坐着，放空自己。没多久，发现一只灰色的猫咪悄悄靠在我腿边，慵懒地卧下，和我一起放空。忍不住想摸它时，它又轻轻站起来，往远处走去，留下雪地里的一串小梅花印。

- **一个瞬间**

陪孩子在游乐场玩，坐在一旁翻书打发无聊时光，忽然感受到春天已经来临，泥土和青草的芳香飘过，沁人心脾，空气中弥漫着细细的花粉，一种惬意的酥麻感，向身体里倾注暖意。

- **一道彩虹**

午后，太阳刚好把洒水车一侧的水汽照出一道长长的彩虹。开车紧跟，一边开着雨刷，一边欣赏那片刻的彩虹。

- **一首歌**

打车已经到达目的地，但正好电台放着英国摇滚乐队披头士（The

Beatles）的《在我的一生中》（*In my life*），特意让师傅再绕一圈，听完才下车。

I know I'll often stop and think about them

In my life I love you more...